宠物常用药物及使用手册

钱存忠 主编

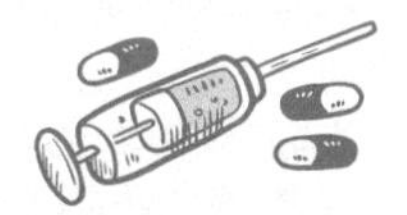

全国百佳图书出版单位

·北 京·

内容提要

本书详细介绍了犬、猫临床常用的抗微生物药、驱寄生虫药、消毒防腐药、神经系统药、解热镇痛抗炎药、内脏系统药、水盐代谢调节药和营养药、激素类药、解毒药的使用方法、注意事项等。全书文字简练、通俗易懂，是宠物医生、宠物饲养技术人员、兽医技术人员的良好用药指导书，同时对广大宠物主人也能提供很好的参考与帮助。

图书在版编目（CIP）数据

宠物常用药物及使用手册 / 钱存忠主编．—北京：化学工业出版社，2020.6（2025.5重印）
ISBN 978-7-122-36482-1

Ⅰ．①宠…　Ⅱ．①钱…　Ⅲ．①宠物－动物疾病－用药法－手册　Ⅳ．①S858.93-62

中国版本图书馆 CIP 数据核字（2020）第 046924 号

责任编辑：邵桂林　　装帧设计：史利平
责任校对：宋　夏

出版发行：化学工业出版社
（北京市东城区青年湖南街13号　邮政编码100011）
印　　装：涿州市般润文化传播有限公司
850mm×1168mm　1/32　印张$9^{1}/_{4}$　字数186千字
2025年5月北京第1版第5次印刷

购书咨询：010-64518888
售后服务：010-64518899
网　　址：http://www.cip.com.cn

定　　价：55.00元　

编写人员名单

主　　编　钱存忠

副 主 编　刘芫溪　钱　刚

编写人员

刘芫溪　吉　祥

钱　刚　钱存忠

前言

近年来，随着宠物业的快速发展，用于防治宠物疾病如化学药品、中兽药数量逐步增多，如运用合理、使用得当，可防病治病、维护动物健康；如药物使用不当，可能疗效不佳、贻误治疗，甚至可能引起动物死亡，这是对动物的生命不负责任，也是对动物主人的不负责任。因此，我们根据自身的临床经验及宠物临床的用药实际要求，本着实用、新颖、科学、准确及突出针对性与可读性的编写要求，收集资料，编写了这本书。

本书分类介绍了宠物常用抗微生物药、抗寄生虫药、消毒防腐药、作用于中枢神经系统的药物、作用于外周神经系统的药物、影响组织代谢的药物、解热镇痛抗炎药、解毒药、抗过敏药、常用中成药及作用于内脏系统的药物，并就其理化性质、药理作用、适应症、用法与用量、注意事项等进行了介绍，强调实用性、简洁明快，以方便宠物临床医生使用和参考。

由于笔者水平所限，书中所有不妥之处，敬请同行、专家及广大读者批评指正。

编者

2020年4月

目录

Chapter 1 第一章 常用抗微生物药物 001

Chapter 7 第七章 常用内脏系统药物 181

第一章

常用抗微生物药物

抗微生物药是指对细菌、真菌、支原体等病原微生物具有抑制或杀灭作用的化学物质，包括抗菌药、抗真菌药等。其中抗菌药又可分为抗生素和合成抗菌药。抗微生物药是兽医临床上用量大、使用范围广的一类药物。

第一节　抗生素

抗生素又名抗菌素，是某些生物（主要是细菌、放线菌、真菌等微生物）在其生命活动过程中产生的、能在低浓度下选择性地杀灭他种生物或抑制其机能的化学物质，已成为当前和将来不可缺少的最常用的药物。

抗生素对不同的病原微生物效力不同。不同的菌种对同一抗生素的敏感程度可分为高度敏感、中度敏感、轻度敏感和耐药4种。也可根据抗菌药物中敏感微生物的种类和数量将抗生素分为广谱和窄谱两种。长期单一使用某种抗菌药物，易使微生物产生不同程度的耐药性。抗菌药物对机体有一定的毒副作用（如过敏反应、毒性反应等），临诊上要注意合理选择使用抗生素。

根据抗生素的化学结构，可将其分为以下几类：

（1）β-内酰胺类　包括青霉素类、头孢菌素类等。前者有青霉素、氨苄西林、阿莫西林、苄唑西林等；后者由头孢唑林、头孢氨苄、头孢拉定、头孢噻呋等。此外，近年来发展了非典型β-内酰胺类，如碳青霉素烯类（亚胺培南）、单环β-内酰胺类（氨曲南）、β-内酰胺酶抑制剂（克拉维酸，舒巴坦）及氧头孢烯类（拉氧头孢）等。

（2）氨基糖苷类　包括链霉素、卡那

霉素、庆大霉素、阿米卡星、新霉素、大观霉素、安普霉素、潮霉素、越霉素等。

（3）四环素类　包括土霉素、四环素、金霉素、多西环素、美他霉素和米诺环素等。

（4）氯霉素类　包括氯霉素、甲砜霉素、氟苯尼考等。

（5）大环内酯类　包括红霉素、泰乐菌素、替米考星、吉他霉素、螺旋霉素、竹桃霉素等。

（6）林可胺类　包括林可霉素、克林霉素等。

（7）多肽类　包括杆菌肽、多黏菌素B、黏菌素、维吉尼霉素、硫肽菌素。那西肽等。

（8）多烯类　包括两性霉素B、制霉菌素等。

（9）含磷多糖类　包括黄霉素、大碳霉素、喹北霉素等。

（10）聚醚类　包括莫能菌素、盐霉素、马杜霉素、拉沙洛菌素等。

（11）截短侧耳素类　包括泰妙菌素、沃尼妙林等。

一、青霉素类

青霉素类抗生素属β-内酰胺类抗生素。青霉素类包括天然青霉素和半合成青霉素。

青霉素（青霉素G）

【理化性质、抗菌谱及适应症】

青霉素临床上常用其钠盐和钾盐，为白色结晶性粉末，

在水中极易溶解，水溶液在室温中放置易失效，临床应用时应新鲜配制。

青霉素对大多数革兰氏阳性球菌和杆菌、部分革兰氏阴性球菌、各种螺旋体和放线菌都有抗菌作用。对青霉素敏感的病原菌主要有链球菌、葡萄球菌、肺炎球菌、脑膜炎球菌、破伤风梭菌、李氏杆菌、产气荚膜梭菌、牛放线杆菌和钩端螺旋体等。大多数革兰氏阴性杆菌对青霉素不敏感。

临床主要用于对青霉素敏感的病原菌所引起的各种感染，如各种呼吸道感染、泌尿生殖道感染。

【制剂、用法与用量】

以注射用水或灭菌生理盐水溶解供肌内注射。肌内注射用量：犬、猫每次3万～4万单位/千克体重，每日2～3次，连用2～3日。

【注意事项】

（1）青霉素毒性小，主要是过敏反应，人较为严重。犬的青霉素过敏已有报道。主要临床表现为流汗、兴奋、不安、肌肉震颤、呼吸困难、心率加快、站立不稳，有时见荨麻疹、眼睑和头面部水肿等，严重时休克，抢救不及时，可导致迅速死亡。用药后应注意观察，出现过敏反应，要立即进行对症治疗，严重者可静脉注射或肌内注射肾上腺素，必要时可加用糖皮质激素和抗组胺药，增强或稳定疗效。

（2）青霉素类与四环素类、氯霉素、大环内酯类、磺胺药呈拮抗作用，不宜联合应用。

氨苄西林（氨苄青霉素）

【理化性质、抗菌谱及适应症】

本品游离酸为白色结晶性粉末，微溶于水，不溶于乙醇，供口服用；其钠盐为白色粉末或结晶，易溶于水，略溶于乙醇，供注射用。

本品对大多数革兰氏阳性菌的抗菌效力与青霉素相似或稍弱，对多数革兰氏阴性菌也有较强的抗菌作用，对铜绿假单胞菌、肺炎杆菌等无效。

主要用于对其敏感的细菌引起的肺部、肠道和尿道感染等。

本品毒性低，但与苄青霉素有交叉变态反应现象。兔内服后有腹泻、肠炎、肾小管损伤等不良反应。

【制剂、用法与用量】

氨苄西林片剂　每片0.25克。内服量：犬、猫每次11～22毫克/千克体重，每日2～3次。

注射用氨苄西林钠　每支0.25克、0.5克。肌内、静脉注射用量：犬猫每次10～20毫克/千克体重，每日2次。

【注意事项】

（1）对青霉素过敏的动物禁用，成年反刍动物禁止内服。

（2）在酸性葡萄糖溶液中分解较快，故宜在以中性液体作溶剂。

阿莫西林（羟氨苄青霉素）

【理化性质、抗菌谱及适应症】

本品的钠盐为白色或类白色粉末或结晶；无臭或微臭，味微苦，有引湿性。在水或乙醇中易溶，在乙醚中不溶。本品内服后吸收较好。

本品的抗菌谱与氨苄青霉素相似，有交叉耐药性。本品穿透细胞壁的能力较强，能抑制细菌细胞壁的合成，对各种细菌的杀菌作用较氨苄青霉素强。

临床上对呼吸道、泌尿道、皮肤、软组织及肝、胆系统等感染疗效好。

【制剂、用法与用量】

阿莫西林片　每片0.25克。内服量：犬猫每次10～15毫克/千克体重，每日2次。

注射用阿莫西林钠　每支0.5克、1克。肌内注射量：犬猫每次5～10毫克/千克体重，每日2次。

二、头孢菌素（先锋霉素）类

头孢菌素类又称为先锋霉素类，是一类广谱半合成抗生素，与青霉素一样，都具有β-内酰胺环，共称为β-内酰胺类抗生素。头孢菌素类是7-氨基头孢烷酸的衍生物。

头孢菌素类具有杀菌力强、抗菌谱广、毒性小、过敏反应少，对酸和β-内酰胺酶比青霉素类稳定等优点。国内外兽医临床主要用于宠物。

头孢氨苄

【理化性质、抗菌谱及适应症】

本品为白色或微黄色结晶性粉末。在水中微溶，在乙醇、三氯甲烷或乙醚中不溶。

本品具有广谱抗菌作用。对革兰氏阳性菌的抗菌活性较强，肠球菌除外。对部分大肠杆菌、克雷伯菌、沙门氏菌、志贺菌有抗菌作用。本品内服后吸收迅速而完全。

本品主要用于耐药金黄色葡萄球菌及某些革兰氏阴性杆菌如大肠杆菌、沙门氏菌，克雷伯菌等敏感菌引起的消化道、呼吸道、泌尿生殖道感染，对严重感染不宜应用。

【制剂、用法与用量】

头孢氨苄片　每片0.075克、0.3克、0.6克。内服用量：犬、猫每次10～25毫克/千克体重，每日2次。

头孢氨苄粉针剂　每支0.2克，肌内与静脉注射用量：犬、猫每次10～25毫克/千克体重，每日2次。

【注意事项】

（1）本品可能会引起犬流涎、呼吸急促和兴奋不安等不良反应。

（2）肾功能严重损伤的病畜慎用本品。

（3）对头孢菌素过敏动物禁用，对青霉素过敏动物慎用。

头孢他啶

【理化性质、抗菌谱及适应症】

本品为白色或微黄色粉末，可溶于水。

本品对革兰氏阴性菌（包括产酶菌）的抗菌活性强，对β-内酰胺酶有高度的稳定性。对大肠杆菌、沙门氏菌、枸橼酸杆菌、变形杆菌、流感嗜血杆菌、脑膜炎球菌等有良好的抗菌作用，对铜绿假单胞菌的作用强。本品内服不吸收，肌内注射后能迅速、广泛地分布于全身各脏器组织。本品在体内不代谢，主要经肾脏排泄，在尿中的浓度高。

主要用于动物敏感菌，尤其是耐其他药的阴性杆菌所致的严重的呼吸道、泌尿道、胃肠道、腹腔、胸腔、骨关节、皮肤软组织等感染以及烧伤、创伤、术后感染、败血症、脑膜炎等。

【用法与用量】

肌内注射量：犬、猫每次10～20毫克/千克体重，每日2次。

【注意事项】

（1）与氨基糖苷类药物不宜联用，可致肾损伤。

（2）头孢他啶遇碳酸氢钠不稳定，不可配伍。

头孢噻肟钠（头孢氨噻肟）

【理化性质、抗菌谱及适应症】

本品为白色结晶性粉末，易溶于水。

本品对革兰氏阳性菌及革兰氏阴性菌有较强的抗菌作用。

用于敏感菌引起的呼吸道、消化道、皮肤及软组织等感染。

【制剂、用法与用量】

注射用头孢噻肟钠　每支0.5克、1克。肌内或静脉注射用量：犬、猫每次27.5～50毫克/千克体重，每日3次。

头孢噻呋（头孢替呋，赛得福）

【理化性质、抗菌谱及适应症】

本品为类白色至淡黄色粉末。在水中不溶，在乙醇中几乎不溶。制成钠盐和盐酸盐供注射用。

本品是专门用于动物的第三代头孢菌素。具有广谱杀菌作用。对革兰氏阳性菌、革兰氏阴性菌（包括β-内酰胺酶菌）的抗菌活性较强。

敏感菌主要有多杀性巴氏杆菌、溶血性巴氏杆菌、胸膜肺炎放线杆菌、沙门氏菌、大肠杆菌、链球菌、葡萄球菌等，但某些铜绿假单胞菌、肠球菌耐药。本品的抗菌活性比氨苄西林强，对链球菌的抗菌作用比氟喹诺酮类药物强。

主要用于治疗动物呼吸系统、消化道及泌尿道感染。

【制剂、用法与用量】

注射用头孢噻呋钠 0.1克。肌内注射用量：犬、猫每次100毫克/千克体重，每日2次。

【注意事项】

（1）可能引起胃肠道菌群紊乱。

（2）有一定的肾毒性。

头孢维星

【理化性质、抗菌谱及适应症】

本品为可溶性粉末，遇光易变质。

本品为第三代广谱头孢类抗菌药。通过破坏细菌细胞壁的合成杀死细菌。头孢维星对革兰氏阳性菌及革兰氏阴性菌均有杀菌作用。

主要用于治疗犬、猫皮肤和软组织感染，对皮肤和皮下创伤、脓肿和脓皮病有效，也可以治疗犬、猫细菌性尿道感染。

【制剂、用法与用量】

注射用头孢维星钠　每支80毫克。皮下注射和静脉注射量：犬、猫8毫克/千克体重。单次给药药效可持续14天。

【注意事项】

（1）禁用于8月龄以下的犬、猫。

（2）有严重肾功能障碍的犬猫禁用。

头孢喹肟（头孢喹诺，克百特）

【理化性质、抗菌谱及适应症】

常用其硫酸盐，为白色至类黄色粉末。在水中不溶，在乙醇中略溶。

本品是专门用于动物的第四代头孢菌素，具有广谱杀菌作用，对革兰氏阳性菌、革兰氏阴性菌（包括β-内酰胺酶菌）的抗菌活性较强。敏感菌主要有金黄色葡萄球菌、链球菌、肠球菌、大肠杆菌、沙门氏菌、多杀性巴氏杆菌、溶血性巴氏杆菌、胸膜肺炎放线杆菌、克雷伯菌、铜绿假单胞菌等。本品的抗菌活性比头孢噻呋、恩诺沙星强。

主要用于治疗敏感菌引起的犬猫呼吸系统、消化道及泌尿道感染，也用于皮肤感染。

【制剂、用法与用量】

硫酸头孢喹肟注射剂　每支50毫克、

100毫克，肌内注射量，犬、猫每次5毫克/千克体重，每日1次，连用5日。

【注意事项】

避免同一部位肌内多次注射。

三、氨基糖苷类

本类抗生素称为氨基糖苷类抗生素。常用的有链霉素、卡那霉素、庆大霉素、新霉素、阿米卡星、大观霉素以及安普霉素等。本类药物的主要共同特征包括：① 均为有机碱，能与酸形成盐。常用制剂为硫酸盐，易溶于水，性质稳定。在碱性环境中抗菌作用增强。② 内服吸收很少，几乎完全从粪便中排出，利于作为肠道感染用药。同时注射给药后吸收迅速，大部分以原形从尿中排出，适用于泌尿道感染。③ 属于杀菌性抗生素，抗菌谱较广，对需氧革兰氏阴性杆菌的作用强，对厌氧菌无效；对革兰氏阳性菌作用较弱，但对金黄色葡萄球菌包括耐药菌株较敏感。④ 不良反应主要是损害第八对脑神经（听神经）、肾脏毒性以及对神经肌肉接头有阻断作用。

链霉素

【理化性质、抗菌谱及适应症】

常用其硫酸盐，为白色或类白色的粉

末。无臭或几乎无臭，味微苦，有吸湿性。在水中易溶，在乙醇或三氯甲烷中不溶。

本品的抗菌谱较广。抗分枝杆菌的作用在氨基糖苷类中最强，对大多数革兰氏阴性杆菌和革兰氏阳性球菌有效。例如，对大肠杆菌、沙门氏菌、布鲁氏菌、巴氏杆菌等均有较强的抗菌作用，对多数革兰氏阳性球菌效果较差，对钩端螺旋体有效。

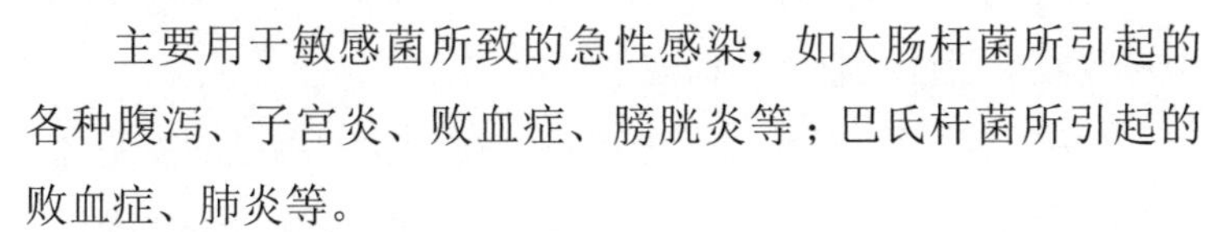

主要用于敏感菌所致的急性感染，如大肠杆菌所引起的各种腹泻、子宫炎、败血症、膀胱炎等；巴氏杆菌所引起的败血症、肺炎等。

临床上常与青霉素联合应用，以减少或延缓耐药性的产生。

【制剂、用法与用量】

注射用硫酸链霉素　每瓶1克，临用前注射用水溶解。肌内注射量：犬猫每次10～15毫克/千克体重，1日2次，连用5日。

【注意事项】

（1）链霉素对其他氨基糖苷类有交叉过敏现象。对氨基糖苷类过敏的患畜应禁用本品。

（2）患畜出现失水或肾功能损害时慎用。

（3）此药可引起变态反应、神经系统反应（主要损害第八对脑神经）、阻滞神经肌肉接点（出现肌肉无力、肢体瘫痪、呼吸抑制等）和对肾脏产生轻度损害4个方面的不良反应。

庆大霉素（正太霉素）

【理化性质、抗菌谱及适应症】

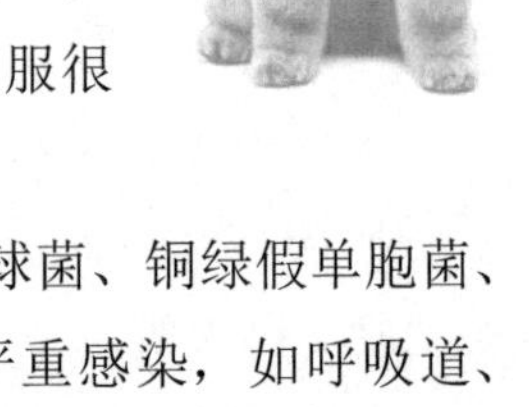

常用其硫酸盐，为白色或类白色粉末，在水中易溶，在乙醇或乙醚中不溶。

本品抗菌谱广，对多数革兰氏阴性菌（如大肠杆菌、克雷伯菌、铜绿假单胞菌、巴氏杆菌、沙门氏菌等）及部分革兰氏阳性菌（如金黄色葡萄球菌）有抗菌作用。本品内服很少被吸收，肌注吸收迅速而安全。

临床上主要用于耐药性金黄色葡萄球菌、铜绿假单胞菌、变形杆菌、大肠杆菌等所引起的各种严重感染，如呼吸道、泌尿道感染，败血症，乳腺炎等。

【制剂、用法与用量】

硫酸庆大霉素注射液　每支2毫升：80毫克，5毫升：200毫克。肌内注射用量：犬、猫每次3～5毫克/千克体重，每日2次。

【注意事项】

此药主要是对肾脏和听神经有毒性，对兔肾脏毒性大，用时应注意。

庆大-小诺霉素

【理化性质、抗菌谱及适应症】

类白色或淡黄色粉末，在水中易溶，几乎不溶于甲醇等有机溶剂。

本品对多种革兰氏阳性菌和革兰氏阴性菌（大肠杆菌、沙门氏菌、铜绿假单胞菌等）均有抗菌作用，尤其对革兰氏阴性菌作用较强，抗菌活性略高于庆大霉素，而毒、副反应较同剂量的庆大霉素低。主要用于敏感菌所致的犬猫疾病。

【制剂、用法与用量】

硫酸庆大小诺霉素注射液　2毫升：80毫克（8万单位），5毫升：200毫克（20万单位），肌内注射量：犬猫每次2毫克/千克体重，均为每日2次。

【注意事项】

（1）长期或大量应用可引起肾毒性。

（2）参见硫酸庆大霉素。

硫酸丁胺卡那霉素（硫酸阿米卡星）

【理化性质、抗菌谱及适应症】

本品为白色或类白色结晶性粉末，在水中极易溶解，在三氯甲烷或乙醚中几乎不溶。

【作用与用途】

本品对各种革兰氏阴性菌如大肠杆菌、铜绿假单胞菌、变形杆菌等以及阳性菌等均有较强的抗菌活性。但对链球菌、肺炎球菌、肠球菌属大多耐药。

主要用于革兰氏阴性菌引起的呼吸道、尿路、腹腔、软组织、骨、关节、生殖系统感染和败血症等。

【制剂、用法与用量】

硫酸阿米卡星粉针剂　每支0.2克。硫酸阿米卡星注射液　每支2毫升：0.2克（20万单位）。肌内注射用量：犬、猫每次5～7.5毫克/千克体重，每日2次。

【注意事项】

（1）不良反应主要是耳毒性与肾毒性。

（2）本品与青霉素类直接混合可降低疗效，应注意避免。

（3）本品不可直接静脉注射，以免发生神经肌肉阻滞和呼吸抑制。

硫酸妥布霉素

【理化性质、抗菌谱及适应症】

本品为无色结晶，有吸湿性，易溶于水。

本品抗菌谱广，对革兰氏阴性菌和阳性菌有效。特别是对铜绿假单胞菌有高效，其作用不仅比庆大霉素强2～8倍。

临床上用于此药敏感菌引起的各种严重感染，也用于治疗革兰氏阳性菌与阴性菌引起的混合感染。

【制剂、用法与用量】

硫酸妥布霉素注射液　每支2毫

升：80毫克。肌内注射用量：犬猫每次1～1.5毫克/千克体重，每日2次。

【注意事项】

（1）葡萄糖酸钙不可与妥布霉素配伍联用。

（2）与头孢噻吩联用会使该药肾毒性增加。

（3）本品具有一定的耳、肾毒性，故治疗时间不宜过长。

四、大环内酯类

大环内酯类是一类具有14～16元大环的内酯结构的弱碱性抗生素。先后有红霉素、螺旋霉素、吉他霉素、麦迪霉素、泰乐菌素及替米考星等品种用于临床。本类药物对需氧革兰氏阳性菌、革兰氏阴性菌球菌、支原体属、衣原体属有良好作用。毒性低，无严重不良反应，但是本类抗生素之间有不完全的交叉耐药性。

红霉素

【理化性质、抗菌谱及适应症】

本品为白色或类白色结晶或粉末，在甲醇、乙醇或丙酮中易溶，在水中极微溶解。

本品对各种革兰氏阳性菌（如金黄色葡萄球菌、肺炎球

菌、链球菌、炭疽杆菌、李斯特菌、腐败梭菌、气肿疽梭菌等）有抗菌作用；革兰氏阴性菌中敏感的有流感杆菌、巴氏杆菌、布氏杆菌等。敏感菌对此药易产生耐药性。

临床上主要用于耐药性金黄色葡萄球菌、溶血性链球菌引起的严重感染（如肺炎、败血症、子宫内膜炎等），也可配成眼膏或软膏用于皮肤和眼部感染。

【制剂、用法与用量】

红霉素片　每片0.1克、0.125克。口服：犬猫每次10～20毫克/千克体重，每日2次，连用5日。

注射用乳糖酸红霉素　每瓶0.25克、0.3克。临用前用注射用水溶解，然后用5%葡萄糖注射液稀释成0.1%以下注射液，缓慢静脉注射。静脉注射用量：犬、猫每次5～10毫克/千克体重，每日2次。

【注意事项】

（1）本品对幼年犬猫毒性大，内服可引起胃肠道功能紊乱。

（2）粉针剂严禁中生理盐水等含无机盐类溶剂配制，以免沉淀。

（3）本品忌与酸性物质配伍。

阿奇霉素

【理化性质、抗菌谱及适应症】

本品为白色或类白色结晶性粉末，无臭，味苦，微有引湿性。

本品对各种葡萄球菌、链球菌、肺炎球菌的抗菌作用比红霉素略差，本品对衣原体、螺旋体、厌氧菌、大肠杆菌、巴氏杆菌等均有强大的杀灭作用。本品对胃酸稳定，内服使用方便，且全身组织分布广泛。

临床上主要用于治疗敏感菌引起的各种感染，如犬猫的各种呼吸道感染、泌尿生殖道感染以及全身性感染。

【制剂、用法与用量】

阿奇霉素片剂　每片含阿奇霉素2克。口服：犬、猫每次0.2毫克/千克体重，每日2次，连用5天。

【注意事项】

（1）本品与泰乐菌素、罗红霉素无交叉耐药性，与氨基糖苷类有协同作用。

（2）避免与氯霉素、林可霉素、螺旋霉素、青霉素类、四环素类、磺胺类药物同时使用。

五、林可胺类（洁霉素类）

林可胺类是从链霉素发酵液中提取的一类抗生素，它们有很多共同的特性：都是高脂溶性碱性化合物，能够从肠道很好地吸收，在畜禽体内分布广泛，对细胞屏障穿透能力强。

林可霉素（洁霉素）

【理化性质、抗菌谱及适应症】

盐酸盐为白色结晶性粉末，在水中或甲醇中易溶，在乙醇中略溶。

本品对革兰氏阳性菌如葡萄球菌、溶血性链球菌和肺炎球菌、产气荚膜梭菌、猪痢疾密螺旋体有抑制作用；对革兰氏阴性菌无效。林可霉素最大的特点是对厌氧菌如梭杆菌属、消化球菌、消化链球菌、破伤风梭菌、产气荚膜杆菌等有较好的杀菌作用。主要作用于细菌核糖体的50S亚基，通过抑制肽链的延长而影响蛋白质的合成。

本品用于敏感的革兰氏阳性菌及厌氧菌引起的犬猫呼吸道、泌尿道感染。

【制剂、用法与用量】

盐酸林可霉素注射液　每支2毫升：0.6克。静脉或肌内注射量：犬、猫每次10毫克/千克体重，每日2次，连用5天。

【注意事项】

（1）本品与庆大霉素等联合对葡萄球菌、链球菌等革兰氏阳性菌呈协同作用。

（2）本品能引起兔和其他草食动物严重的腹泻，甚至致死。

（3）本品肌注时，可致局部疼痛。有肾功能障碍的患畜应减少用量。

克林霉素（氯林可霉素，氯洁霉素）

【理化性质、抗菌谱及适应症】

克林霉素盐酸盐（或磷酸盐）为白色结晶性粉末，味苦，易溶于水，微溶于乙醇，在丙酮或氯仿中几乎不溶。

本品抗菌谱与洁霉素很相似，而抗菌作用较强，对对青霉素、洁霉素、四环素或红霉素有耐药性的细菌也有效。适应症与洁霉素相同。本品可完全代替洁霉素。

【制剂、用法与用量】

磷酸克林霉素注射液　每支2毫升：150毫克。静脉或肌内注射量：犬、猫每次10毫克/千克体重，每日2次，连用5天。

【注意事项】

同盐酸林可霉素。

六、氯霉素类

氯霉素是第一个合成的抗生素。本类药物属于快效广谱抑菌剂，对革兰氏阴性菌的作用较革兰氏阳性菌强，肠杆菌尤其伤寒杆菌和副伤寒杆菌对药高度敏感。高浓度时对此类药物高度敏感的细菌可呈杀菌作用。

氟苯尼考（氟甲砜霉素）

【理化性质、抗菌谱及适应症】

本品为白色或类白色结晶性粉末，无臭。在二甲基酰胺中极易溶解，在甲醇中溶解，在冰醋酸中略溶，在水或氯仿中极微溶解。内服与肌注后吸收快、分布广、有效血药浓度维持时间长。

本品对多数革兰氏阳性菌和阴性菌都有抗菌作用，对部分衣原体、立克次氏体和某些原虫也有一定抑制作用。主要用于犬猫的细菌性疾病，如呼吸系统、泌尿生殖系统感染性疾病。

【制剂、用法与用量】

氟苯尼考注射液　每支2毫升：0.6克。肌内注射用量：犬、猫每次20毫克/千克体重，每隔48小时1次，连用2次。

【注意事项】

（1）本品不良反应少，不引起骨髓抑制或再生障碍性贫血，但有胚胎毒性，故妊娠动物禁用。

（2）本品勿用于哺乳期和孕期动物。

七、β－内酰胺酶抑制剂

克拉维酸

【理化性质、抗菌谱及适应症】

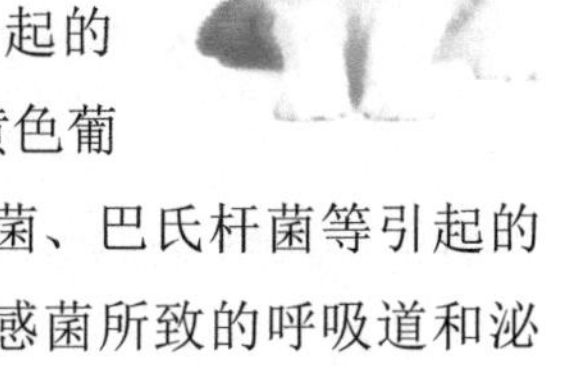

本品的钾盐为无色针状结晶，易溶于水，水溶液极不稳定。

本品单独应用无效，常与青霉素类药物联用，以克服细菌产生β-内酰胺酶引起的耐药性，从而提高疗效。主要用于金黄色葡萄球菌、葡萄球菌、链球菌、大肠杆菌、巴氏杆菌等引起的犬、猫皮肤病和软组织感染，以及敏感菌所致的呼吸道和泌尿道感染。

【制剂、用法与用量】

阿莫西林克拉维酸钾片　0.125克（阿莫西林0.1克与克拉维酸0.025克）　内服：犬、猫每次10～15毫克/千克体重，每日2次，连用3～5日。

【注意事项】

使用前摇匀。

舒巴坦（青霉烷砜）

【理化性质、抗菌谱及适应症】

本品的钠盐为白色或类白色结晶性粉末，溶于水，微溶

于甲醇，在乙醇中几乎不溶。

本品为不可逆性竞争型β-内酰胺酶抑制剂。可抑制β-内酰胺酶对青霉素、头孢菌素类的破坏。与氨苄西林联合应用可使葡萄球菌、嗜血杆菌、巴氏杆菌、大肠杆菌、克雷伯菌等对氨苄西林的最低抑菌浓度下降而增效，并可使产酶菌株对氨苄西林恢复敏感。本品与氨苄西林联合，用于上述菌株所致的呼吸道、消化道及泌尿道感染。

【制剂、用法与用量】

氨苄西林-舒巴坦钠　肌内注射：一次量，犬、猫每千克体重10～20毫克（以氨苄西林计），每日2次；氨苄西林-舒巴坦甲苯磺酸盐内服，一次量，犬、猫每千克体重20～40毫克（以氨苄西林计），每日2次。

【注意事项】

舒巴坦禁用于对青霉素类抗生素过敏的动物。

八、其他抗生素

盐酸万古霉素

【理化性质、抗菌谱及适应症】

本品为浅棕色无定形粉末，无臭，味苦；易溶于水。

本品对革兰氏阳性菌包括球菌与杆菌均有强大的抗菌作

用，对耐甲氧西林金黄色葡萄球菌、耐甲氧西林表皮葡萄球菌和肠球菌属非常敏感，革兰氏阴性菌则通常耐药。对溶血性链球菌引起的感染及败血症等有较好的疗效。

本品属于快效杀菌剂，临床适用于严重革兰氏阳性菌感染，特别是耐青霉素的金黄色葡萄球菌所引起的严重感染（如肺炎、心内膜炎及败血症等）。

【制剂、用法与用量】

盐酸万古霉素粉剂　每瓶0.5克。肌内或静脉注射量：犬、猫每次30～50毫克/千克体重，分2次应用，连用3～5天。

【注意事项】

（1）与氨基糖苷类抗生素配伍可使肾毒性增强，与氨茶碱配伍易浑浊且毒性增强。

（2）万古霉素可使青霉素类药物失效。

黄芪多糖

【理化性质、抗菌谱及适应症】

本品为豆科植物膜克黄芪或膜荚黄芪提取液的灭菌液。为黄色或黄褐色液体，长久贮存或冷冻后有沉淀析出，但不影响疗效。

【作用与用途】

本品能诱导机体产生干扰素，调节机体免疫功能，促进抗体形成。

【制剂、用法与用量】

黄芪多糖注射液　以黄芪多糖计：10毫升∶0.1克，10毫升∶0.2克，50毫升∶0.5克。肌内、皮下注射：犬、猫每次0.1～0.2毫升/千克体重，每日1次，连用2日。

利福平（甲哌利福霉素）

【理化性质、抗菌谱及适应症】

本品为橘红色结晶性粉末，难溶于水。

本品的特点是抗菌作用强（对结核杆菌的最低抑菌浓度为0.005～0.5微克/毫升），对革兰氏阴性菌和衣原体、病毒都有一定的作用，既可内服又可注射，毒性低而耐受性好。

临床上用于结核菌、耐药金黄色葡萄球菌、肠球菌等引起的各种感染。如与链霉素、异烟肼等配合使用，疗效更佳。也可用于治疗家畜布氏杆菌病、反刍动物伪结核病。

【用法与用量】

配合异烟肼等内服量：犬0.1～0.5克/次，每日1次。

第二节　人工合成抗菌药物

通过化学方法人工合成的抗菌药包括喹诺酮类、磺胺类、喹噁啉类、硝基呋喃类和硝基咪唑类等。目前应用最多的是喹诺酮类和磺胺类，后三类药物毒性作用大或具有潜在致癌作用。硝基呋喃类和硝基咪唑类的几乎全部品种和喹噁啉类中的卡巴氧已被禁用。

一、喹诺酮类

喹诺酮类是指人工合成的一类具有4-喹诺酮环结构的杀菌性抗菌药物，如诺氟沙星、环丙沙星、二氟沙星等。

（一）本类药物的共同特点

（1）抗菌谱广，对革兰氏阳性菌和革兰氏阴性菌、支原体、衣原体等均有作用。

（2）杀菌力强，在体外很低的药物浓度即可显示高度的抗菌活性，临床疗效好。

（3）吸收快、体内分布广泛，可治疗各个系统或组织的感染性疾病。

（4）抗菌机制独特，与其他抗菌药无交叉耐药性。

（二）常用药物

恩诺沙星（乙基环丙沙星，恩氟沙星）

【理化性质、抗菌谱及适应症】

本品为微黄色或橙黄色结晶性粉末，无臭，味微苦，遇光渐变为橙红色，在甲醇中微溶，在水中极微溶解；在醋酸、盐酸或氢氧化钠溶液中易溶。其盐酸盐及乳酸盐均易溶于水。

本品对支原体有特效，对大肠杆菌、克雷伯菌、沙门氏菌、变形杆菌、多杀性巴氏杆菌、溶血性巴氏杆菌、副溶血

性弧菌、金黄色葡萄球菌、化脓放线菌、丹毒杆菌、支原体、衣原体等均有良好的作用。

本品应用于犬、猫的皮肤、消化道、呼吸道及泌尿生殖系统等由细菌或支原体引起的感染，如犬的外耳炎、化脓性皮炎，克雷伯菌引起的创伤和生殖道感染等。

【制剂、用法与用量】

恩诺沙星片　每片2.5毫克、5毫克、25毫克、50毫克。口服量：犬、猫每次2.5～5毫克/千克体重，每日2次，连用3～5日。

恩诺沙星注射液　5毫升：50毫克，5毫升：0.25克，5毫升：0.5克。　肌内注射：犬、猫每次2.5～5毫克/千克体重，每日1～2次，连用2～3日。

【注意事项】

（1）禁用于8周龄以下幼犬。

（2）本品主要不良反应有：① 可使幼年动物软骨发生变形，引起跛行及疼痛；② 消化系统反应有呕吐、腹痛、肚胀；③ 皮肤反应有红斑、瘙痒、荨麻疹及光敏反应。

诺氟沙星（氟哌酸）

【理化性质、抗菌谱及适应症】

本品为类白色或淡黄色的结晶性粉末，在水或乙醇中极微溶解。

本品对革兰氏阴性菌如铜绿假单胞菌、沙门氏菌、大肠杆菌等较强的抗菌作用，对金黄色葡萄球菌其作用也较庆大霉素强。对支原体也有一定的作用。

主要用于敏感菌引起的犬、猫泌尿道、呼吸道、肠道等敏感性疾病。

【制剂、用法与用量】

诺氟沙星胶囊　每粒0.1克。内服用量：犬每次10毫克/千克体重，1日2次，连用。

氧氟沙星（氟嗪酸）

【理化性质、抗菌谱及适应症】

本品为类白色或微黄色结晶性粉末，难溶于水和乙醇，极易溶于冰醋酸。

本品对犬、猫细菌性和支原体感染，尤其对需氧革兰氏阴性杆菌的抗菌活性高。

临床上常用于犬、猫呼吸道、胃肠道炎症，子宫炎、膀胱炎。

【制剂、用法与用量】

氧氟沙星注射液　每支5毫升：0.1克，5毫升：0.2克，10毫升：0.1克，10毫升：0.2克，10毫升：0.4克。肌内或静脉注射：犬、猫每次3～5毫克/千克体重。每日2次，连用3～5日。

马波沙星

【理化性质、抗菌谱及适应症】

本品为黄色或淡黄色黄色结晶性粉末，易溶于水、丙二醇、甘油。

本品对革兰氏阴性菌和革兰氏阳性菌都有明显的抗菌效应。本品内服与注射后吸收迅速而完全，广泛分布于肾、肝、肺和皮肤等组织。

本品用于敏感菌所致的犬、猫的呼吸道、消化道、泌尿道及皮肤等感染。

【制剂、用法与用量】

马波沙星片　每片5毫克、20毫克、80毫克。　内服：犬、猫每次2毫克（治疗多数细菌感染）/千克体重，或每次5毫克（治疗铜绿假单胞菌感染）/千克体重，每日1次。

二、磺胺类

（一）概述

磺胺类是一类化学合成的抗微生物药，具有抗菌谱广、疗效确实、性质稳定、价格低廉、使用方便等优点，但同时也有抗菌作用较弱、不良反应较多、细菌易产生耐药性、用量大、疗程偏长等缺陷。

磺胺药对大多数革兰氏阳性菌和阴性菌都有抑制作用。

（二）常用磺胺药

【理化性质、抗菌谱及适应症】

本品为白色或类白色的结晶或粉末，在乙醇或丙酮中微溶，在水中几乎不溶。

本品抗菌力较强，对各种感染的疗效较好，副作用小。与血浆蛋白结合率低，易扩散进入组织和脑脊髓液，是本类药中治疗脑部细菌性感染的首选药物。对家畜流行性乙型脑炎等病毒感染，为了防止混合感染，也可选用本品。缺点是溶解度较低，易在尿中析出结晶，口服时应配合等量碳酸氢钠。

用于各种动物敏感菌的全身感染。是磺胺药中用于治疗脑部细菌感染的首选药物。

【制剂、用法与用量】

磺胺嘧啶片　每片0.5克。内服量：犬、猫首次量0.14克/千克体重，维持量每次0.07克/千克体重，每日2次。

磺胺嘧啶注射液（磺胺嘧啶钠）　10毫升∶1克，50毫升∶5克，100毫升∶10克。静脉或深部肌内注射量：猪、鸡、牛、羊每次0.05～0.1克/千克体重，每日2次。

【注意事项】

（1）本品在体内的代谢产物乙酰化磺胺的溶解度低，易在泌尿道中析出结晶。

（2）注射剂为钠盐，遇酸类可析出不溶性结晶，故不宜用5%葡萄糖液稀释。

磺胺对甲氧嘧啶

【理化性质、抗菌谱及适应症】

本品为白色或微黄色的结晶或粉末，无臭，味微苦。在乙醇中微溶，在水或乙醚中几乎不溶，在氢氧化钠试液中易溶，在稀盐酸中微溶。

本品对革兰氏阳性菌和阴性菌如化脓性链球菌、沙门氏菌和肺炎球菌等均有良好的抗菌作用。临床用于泌尿生殖道、呼吸道、消化道、皮肤感染，也可用于犬猫球虫病。

【制剂、用法与用量】

磺胺对甲氧嘧啶片　每片0.5克。口服：犬猫首次用量0.05～0.1克/千克体重，维持剂量每次0.025～0.05克/千克体重，每日2次，连用3～5天。

复方磺胺对甲氧嘧啶注射液　每支10毫升的，内含本品1克，含甲氧苄啶0.2克。肌内注射：各种犬、猫每次0.1～0.2毫升/千克体重，每日1～2次。

磺胺间甲氧嘧啶

【理化性质、抗菌谱及适应症】

本品为白色或类白色结晶性粉末，在乙醇中微溶，在水中不溶，在稀盐酸或氢氧化钠试液中易溶。

本品为体内外抗菌作用最强的磺胺药，对大多数革兰氏阳性菌和阴性菌都有较强抑制作用，细菌对此药产生耐药性较慢。

适用于各种敏感菌引起的感染及犬、猫球虫病的治疗。

【制剂、用法与用量】

磺胺间甲氧嘧啶片　每片0.25克、0.5克。　口服：犬、猫首次量0.05～0.1克/千克体重，维持量每次0.025～0.05克/千克体重，每日2次，连用3～5天。

复方间甲氧嘧啶注射液　每支10毫升：1克。肌内或静脉注射：犬、猫每次0.05毫克/千克体重，每日1～2次，连用2～3日。

磺胺（氨苯磺胺）

【理化性质、抗菌谱及适应症】

本品为白色或微黄色结晶性粉末，在水中微溶，在沸水或沸醇中极易溶解。

本品有抑制细菌生长繁殖的作用，但因毒性大、疗效差，故少作内服。由于此药在水中溶解度较其他磺胺类药物大，渗入组织的作用也较强，主要用作外用药，用于局部感染创。局部应用能延缓伤口愈合，可在感染创清创后使用，清洁创不宜应用本品。

【制剂、用法与用量】

软膏剂　含药量10%，外用。

磺胺嘧啶银（烧伤宁）

【理化性质、抗菌谱及适应症】

本品为白色或类白色的结晶性粉末，遇光或遇热易变质。

在水、乙醇、三氯甲烷或乙醚中均不溶。

本品抗菌谱同磺胺嘧啶，但对铜绿假单胞菌具有强大的抗菌作用，对致病细菌和真菌等有抑制作用，并且具有收敛作用。可用于预防烧伤后感染，治疗烧伤，促进创面干燥、结痂和早期愈合。

【制剂、用法与用量】

本品的粉剂、乳膏、1%～2%软膏或混悬液，作局部外用。

【注意事项】

局部应用时要清创排脓，因为脓液和坏死组织可减弱磺胺类药物的作用。

三、其他抗菌药

甲硝唑（灭滴灵，甲硝咪唑）

【理化性质、抗菌谱及适应症】

本品为白色或微黄色的结晶或结晶性粉末，在乙醇中略溶，在水中微溶。

本品对大多数专性厌氧菌具有较强的作用，包括拟杆菌属、梭状芽孢杆菌、产气荚膜梭菌、粪链球菌等。本品因硝基在无氧环境中还原成氨基而显示抗厌氧菌作用，对需氧菌或碱性厌氧菌无效。

本品主要用于手术后厌氧菌感染、肠道和全身的厌氧菌感染；本品能进入中枢神经系统，故为脑部厌氧菌感染的首选防治药。

【制剂、用法与用量】

甲硝唑片　每片0.2克、0.5克。　内服：犬每次7.5毫克/千克体重，每日1～2次。

甲硝唑注射液　每100毫升含甲硝唑0.2克、0.5克。静脉滴注：犬每次7.5毫克/千克体重。每日1次，连用3日。

【注意事项】

（1）剂量过大时，可出现以震颤、抽搐、共济失调、惊厥等为特征的神经紊乱症状。

（2）本品可能对啮齿类动物有致癌作用，对细胞有致突变作用，不宜用于孕畜。

（3）不宜与庆大霉素、氨苄西林直接配伍，以免药液浑浊、变黄。

乌洛托品

【理化性质、抗菌谱及适应症】

本品为无色、有光泽的结晶或白色结晶性粉末，在水中易溶，在乙醇或三氯甲烷中溶解，在乙醚中微溶。

本品对革兰氏阴性菌，特别是大肠杆菌有很好的效果。

本品主要用于磺胺类、抗生素疗效不好的尿路感染，并常配合抗生素等治疗脑部感染。

【制剂、用法与用量】

乌洛托品注射液　每支5毫升：2克，10毫升：4克。静脉注射：犬0.5～2克/次，每日1次，连用3～5天。

【注意事项】

（1）乌洛托品内服，对胃肠道有较强的刺激性，降低食欲。

（2）碳酸氢钠、枸橼酸盐、噻嗪类利尿药（如氢氯噻嗪）、镁或含镁制剂药能使尿液pH>5，故不宜与乌洛托品合用，以免降低疗效。

黄连素（小檗碱）

【理化性质、抗菌谱及适应症】

本品为黄连及其他同属植物的根茎中的主要生物碱。硫酸小檗碱为橘红色结晶粉末，溶于水，微溶于乙醇。

本品抗菌谱广，体外对多种革兰氏阳性菌及革兰氏阴性菌均具有抑制作用，其中对痢疾杆菌、大肠杆菌、溶血性链球菌、金黄色葡萄球菌、霍乱弧菌、志贺痢疾杆菌、伤寒杆菌、脑膜炎球菌等有较强的抑制作用。

本品临床主要用于犬、猫的胃肠道炎症、结膜炎、肺炎、咽喉炎的治疗。

【制剂、用法与用量】

盐酸小檗碱片　每片0.025克、0.05克、0.1克。内服：犬、猫0.2～0.5克/次，每日2次，连用3～5天。

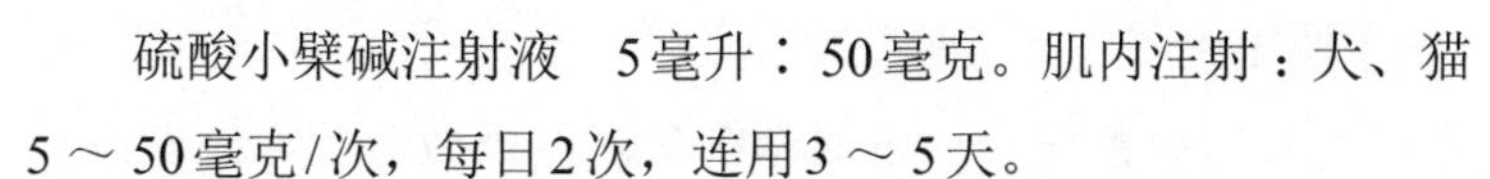

硫酸小檗碱注射液　5毫升∶50毫克。肌内注射：犬、猫5～50毫克/次，每日2次，连用3～5天。

【注意事项】

复方小檗碱注射液不可作静脉注射，静脉注射或滴注后引起血管扩张、血压下降等反应。

第三节　抗真菌药

真菌是真核类微生物，感染后可引起动物不同的临床症状。根据感染部位不同真菌感染可分为浅部真菌感染和深部真菌感染。浅部真菌感染的致病菌是各种癣菌，如毛癣菌、小孢子菌、表皮癣菌及念珠菌等，长期侵犯皮肤、羽毛、趾甲、鸡冠等部位，引起各种癣症和炎症。深部真菌感染的病原主要有白色链珠菌、新型隐球菌、组织胞浆菌、曲霉菌等，

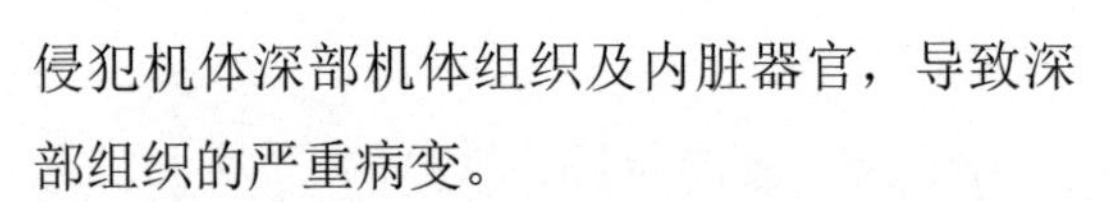

侵犯机体深部机体组织及内脏器官，导致深部组织的严重病变。

用于治疗浅部真菌感染的有灰黄霉素、制霉菌素、水杨酸、咪康唑和克霉唑；治疗深部真菌感染的是两性霉素B。

灰黄霉素

【理化性质、抗真菌谱及适应症】

本品为白色或类白色的微细粉末，极微溶于水，微溶于乙醇，易溶于二甲基甲酰胺。

本品内服对各种皮肤真菌（小孢子菌、表皮癣菌和毛发癣菌）有强大的抑菌作用，对其他真菌无效。

本品主要用于小孢子菌、毛癣菌及表皮癣菌引起的各种皮肤真菌病，如犬毛癣。本药不易透过表皮角质层，外用无效。

【制剂、用法与用量】

灰黄霉素片　每片0.1克，0.25克。内服：犬、猫每次40～50毫克/千克体重，每日1次，连用4～8周。

【注意事项】

（1）本品对家畜急性毒性较小，但有肝毒、致畸、致痛作用。

（2）怀孕动物禁用。

制霉菌素

【理化性质、抗真菌谱及适应症】

本品为淡黄色或浅褐色粉末，极微溶于水，略溶于乙醇、甲醇。

本品属广谱抗真菌药，对念珠菌属的抗菌活性最为明显，对毛癣菌、表皮癣菌和小孢子菌有较强抑制作用，对组织胞浆菌、芽生菌、球孢子菌亦有一定的抗菌活性。

临床内服用于消化道真菌感染，如犬、猫的念珠菌病，或用于防治长期应用广谱抗菌药物所引起的真菌性二重感染，局部用于真菌性乳腺炎、子宫炎，外用治疗体表的真菌感染。

【制剂、用法与用量】

制霉菌素片剂　每片10万单位、25万单位、50万单位。内服：犬日量为每次2.2万单位/千克体重，每日2～3次。

制霉菌素软膏、粉剂、混悬剂　每克（毫升）含10万单位，外用。

两性霉素B（芦山霉素）

【理化性质、抗真菌谱及适应症】

本品为黄色或橙黄色粉末，在甲醇中极微溶解，在水、乙醇中不溶。

本品为广谱抗真菌药，能选择性地与真菌胞浆膜上的麦角固醇相结合，损害胞浆膜的通透性，导致真菌死亡。对隐球菌、球孢子菌、包色念珠菌、芽生菌等

都有抑制作用，是治疗深部真菌感染的首选药。

本品主要用于犬组织胞浆菌病、芽生菌病、球孢子菌病及各种真菌的局部炎症，如爪的真菌感染，也是消化道系统真菌感染的有效药物。

【制剂、用法与用量】

注射用两性霉素B脱氧胆酸盐粉针　每瓶5毫克、25毫克、50毫克。犬的组织胞质菌病、芽生霉菌病和煤球菌病可静注，总量为4毫克/千克体重，分为10次，每隔2日注射1次。

【注意事项】

（1）本品毒性较大，主要损害肾脏。

（2）本品的注射用粉针不可用生理盐水稀释，否则会析出沉淀。

（3）静脉注射时配合解热镇痛药、抗组胺药物和生理量的肾上腺皮质激素，可减轻毒性反应。

（4）不宜与氨基糖苷类抗生素、咪康唑合用，以免降低药效。

克霉唑（抗真菌1号）

【理化性质、抗真菌谱及适应症】

本品为白色或微黄色的结晶性粉末，在甲醇或三氯甲烷中易溶，在乙醇或丙酮中溶解，在水中几乎不溶。

本品为广谱抗真菌药，对多种致病性真菌有抑制作用，对皮肤真菌的抗菌谱和抗菌效力与灰黄霉素相似，对内脏致病性真菌如白色念珠菌、新型隐球菌、球孢子菌和组织胞浆菌等均有良好的作用。

本品内服易吸收，可内服治疗全身性及深部真菌感染，如白色念珠疾病、隐球菌病、球孢子菌病、组织胞浆菌病（犬、猫）及真菌性败血症等。对严重的深部真菌感染，宜与两性霉素B合用。外用亦可治疗浅表真菌感染，如鸡冠癣和家畜的体癣、毛癣等。

【制剂、用法与用量】

克霉唑片　每片0.25克、0.5克。内服量：犬、猫10～20毫克/千克体重，每天3次。

克霉唑软膏　1%、3%、5%。外用，涂于患处，每天1～2次。

【注意事项】

（1）长期大剂量使用，可见肝功能不良反应，停用后可恢复。

（2）内服对胃肠道有刺激性。

酮康唑

【理化性质、抗真菌谱及适应症】

本品为类白色结晶性粉末，无臭，无味。在水中几乎不

溶，微溶于乙醇，在甲醇中溶解。

本品为广谱抗真菌药，对全身及浅表真菌均有抗菌活性。一般浓度对真菌有抑制作用，高浓度时对敏感真菌有杀灭作用。对芽生菌、球孢子菌、隐球菌、念珠菌、组织胞浆菌、小孢子菌和毛癣菌等真菌有抑制作用；对曲霉素、孢子丝菌作用弱，白色念珠菌对本品耐药。本品用于治疗犬、猫等动物的球孢子菌病、组织胞浆菌病、隐球菌病、芽生菌病；亦可防治皮肤真菌病等。

【制剂、用法与用量】

酮康唑片剂（胶囊）　每片（粒）200毫克。内服：犬、猫（日量）10毫克/千克体重，连用5天。

2%酮康唑软膏　外用。

【注意事项】

（1）酮康唑的不良反应是肝脏受损伤和厌食，尤其在猫明显。

（2）本品有胚胎毒性，怀孕动物禁用。

（3）常伴有恶心、呕吐等消化道症状。

益康唑（氯苯咪唑硝酸盐）

【理化性质、抗真菌谱及适应症】

本品为白色结晶性粉末，几乎不溶于水。

本品为合成的广谱、安全、速效抗真菌药。对临床上的致病性真菌都有抗菌作用。对革兰氏阳性球菌，也有抑制作用。

本品适用于治疗皮肤或黏膜的真菌感染，如皮肤癣病、念珠菌阴道炎。

【制剂、用法与用量】

2%益康唑软膏剂　每支10克。外用。

益康唑栓剂　每粒含50毫克、150毫克。外用。

咪康唑（双氯苯咪唑，达克宁）

【理化性质、抗真菌谱及适应症】

常用其硝酸盐，为白色结晶或结晶性粉末，不溶于水，微溶于乙醇。

本品对深部真菌和浅表真菌都有良好的抗菌作用，对葡萄球菌、链球菌等革兰氏阳性菌也有抑制作用，也可治疗皮肤真菌感染。

【制剂、用法与用量】

咪康唑注射液　每支20毫升：200毫克。犬肌内注射量：10毫克/千克体重，连用6～10日。

2%咪康唑软膏剂　外用。

【注意事项】

妊娠动物禁用。

氟康唑

【理化性质、抗真菌谱及适应症】

本品为白色或类白色结晶性粉末，无臭或微带特臭味，在甲醇中易溶，在乙醇中溶解。

本品适用于浅表、深部敏感真菌的感染。主要用于犬、猫念珠菌病和隐球菌病的治疗。

【制剂、用法与用量】

氟康唑胶囊　每粒50毫克、150毫克。内服：犬、猫每次2.5～5毫克/千克体重，每天1次，连用4～8周。

水杨酸

【理化性质、抗真菌谱及适应症】

本品为白色细微的针状结晶或白色结晶性粉末；在乙醇或乙醚中易溶，在沸水中溶解，在三氯甲烷中略溶，在水中微溶。

本品有中等程度的抗真菌作用，能促进表皮的生长。

本品用于治疗皮肤真菌感染。

【制剂、用法与用量】

10%水杨酸软膏　外用：配成1%的醇溶液或软膏。

【注意事项】

（1）重复涂敷可引起刺激，皮肤破损处禁用。

（2）不可大面积涂敷，以免吸收中毒。

第四节 抗病毒药

病毒病主要靠疫苗预防。目前尚未有对病毒作用可靠、疗效确实的药物，本节介绍一些药物供参考。

利巴韦林（三氮唑核苷，病毒唑）

【理化性质、药理作用及适应症】

本品为白色结晶性粉末，无臭，无味。可溶于水，微溶于乙醇。

本品为广谱抗病毒药，对DNA病毒与RNA病毒都有效，如对流感与副流感病毒、疱疹病毒、腺病毒和部分肠道病毒等有抑制作用。通过抑制病毒体内单磷酸次黄嘌呤核苷酸脱氢酶，阻断病毒核酸合成。

临床可适用于犬、猫的某些病毒性感染的配合治疗。

【制剂、用法与用量】

利巴韦林注射液 每支1毫升：100毫克。肌内注射：犬、猫每次5毫克/千克体重。每日2次，连用3～5日。

吗啉胍（病毒灵）

【理化性质、药理作用及适应症】

常用其盐酸盐，为白色结晶性粉末，在水中易溶。

本品为一种广谱抗病毒药，对流感病毒、副流感病毒等RNA病毒有作用。其作用机理主要是抑制RNA聚合酶的活性及蛋白质的合成。

可用于犬瘟热和犬的细小病毒病等的防治。

【用法与用量】

内服：一次量，犬20毫克/千克体重。每日2次。

阿昔洛韦（无环鸟苷）

【理化性质、药理作用及适应症】

本品为白色结晶性粉末，微溶于水，其钠盐易溶于水。

本品为嘌呤类抗病毒药，在体内转化为三磷酸酯，抑制病毒复制。

适用于疱疹病毒引起的犬、猫的结膜炎和角膜炎。

【制剂、用法与用量】

阿昔洛韦片（胶囊） 每片（粒）0.1克、0.2克。 口服：犬每次5～15毫克/千克体重，每日3次。

阿昔洛韦粉针剂 每瓶500毫克。静脉或皮下注射：犬、猫每次5～15毫克/千克体重，每日2次。

聚肌胞（聚肌苷酸-聚胞苷酸）

【理化性质、药理作用及适应症】

本品属多聚核苷酸，为高效的干扰素诱导剂，有增加免疫功能和广谱抗病毒作用，可快速提升干扰素含量，能保护局部或全身的病毒感染。

临床上用于犬猫疱疹性角膜炎、疱疹病脑炎、病毒性肝炎等治疗。

【制剂、用法与用量】

聚肌胞注射液　每支2毫升：含量1毫克、2毫克。肌内注射：1～2毫克/次，每周2次，2～3个月为1疗程。

【注意事项】

本品为大分子物质，注意过敏反应。

双黄连

【理化性质、药理作用及适应症】

本品是由金银花（双花）、黄芪、连翘提取制成的注射液或口服液。为棕红色的澄清液体。

本品具有抗病毒和增强免疫力的作用。本品对某些感染性疾病，还有抗生素和抗病毒药无法比拟的独特优点。

本品临床可用于病毒所致的动物呼吸道感染、肠道感染、脑炎、心肌炎、腮腺炎等，如犬的轮状病毒性肠炎、细小病毒性肠炎等。亦可用于病毒性感染所致的高热。

【制剂、用法与用量】

双黄连注射液　每支10毫升、100毫升。皮下注射或静脉滴注量：犬、猫每次30～60毫克/千克体重，每日1～2次。

【注意事项】

（1）与青霉素类、头孢菌素类、林可霉素联用有协同作用。

（2）与氨基糖苷类（庆大霉素、卡那霉素）、大环内酯类（如红霉素）配伍可产生浑浊或沉淀。

干扰素

【理化性质、药理作用及适应症】

干扰素是病毒进入动物机体后，诱导宿主细胞产出的一类具有多种生物活性的糖蛋白，主要有α、β、γ三类和I型、II型，I型与抗病毒作用有关，II型在免疫调节中起重要作用。

本品具有广谱抗病毒、抗肿瘤及免疫调节三大功能。几乎可以抑制所有病毒的繁殖，在病毒感染的各个阶段都发挥一定的作用，在防止再感染和持续性病毒感染中也有一定的作用。另外，干扰素还可作用于免疫系统，增强免疫功能、产生免疫反应的调节作用，两种功能结合有助于减轻或消除病毒的感染。

临床上主要用于防治病毒性感染和免疫系统疾病，如犬病毒性肝炎、副流感、疱疹病毒性脑膜炎、急性出血性角膜炎、结膜炎和腺病毒性结膜炎等。

【制剂、用法与用量】

注射液及冻干粉针剂　每支100万单位、

300万单位、500万单位。皮下注射：100万单位/次，每日1次。

【注意事项】

主要不良反应有发热、恶心和肌痛等，应用大剂量时可出现暂时性骨髓抑制。

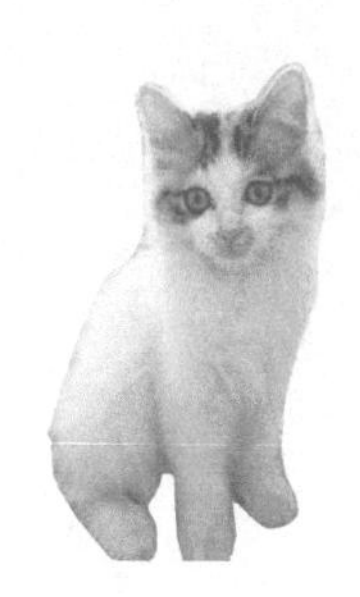

第二章 抗寄生虫药物

抗寄生虫药是用来杀灭或驱除体内、外寄生虫的一类药物。对动物危害较大的主要有蠕虫、原虫和体外寄生虫。抗寄生虫药根据用途分为抗蠕虫药、抗原虫药和杀虫药三类。

第一节　抗原虫药

临床上能引起犬猫发生原虫病的主要有球虫、隐孢子虫、滴虫、梨形虫、弓形虫、锥虫、利什曼虫和阿米巴原虫等，还包括刚地弓形虫、小隐孢子虫、利什曼原虫和克氏锥虫等能引起人畜共患性原虫病。抗原虫病主要分为抗球虫病、抗锥虫病、抗梨形虫病和抗滴虫病。

一、抗球虫药

托曲珠利（托三嗪，甲苯三嗪酮，百球清）

【理化性质、抗虫谱及适应症】

本品为淡黄色粉末，可溶于水。

本品对堆型艾美耳球虫、布氏艾美耳球虫、毒害艾美耳球虫、柔嫩艾美耳球虫及火鸡艾美耳球虫等均有杀灭作用。治疗暴发性球虫病效果很好。

可用于犬猫球虫病治疗。

【制剂、用法与用量】

托曲珠利溶液　每瓶100毫升：2.5克，犬、猫每次0.05毫升/千克体重，连用2日。

【注意事项】

（1）药液若沾污眼或皮肤，应及时冲洗。

（2）药液稀释后，超过48小时即不宜饮用。

二、抗锥虫药

锥虫病是由于寄生于血液和组织细胞间的锥虫引起的原虫病。锥虫病可用抗锥虫药进行防治。

萘磺苯酰脲（舒拉明，那加诺，拜耳205）

【理化性质、抗虫谱及适应症】

其钠盐为白色或带浅红色粉末，易溶于水，难溶于乙醇。

本品主要用于治疗马、牛和犬的伊氏锥虫病，但预防性给药的效果稍差。

【制剂、用法与用量】

注射用萘磺苯酰脲　每瓶2克，100克。静脉注射量：犬每次15～20毫克/千克体重，每周1次，连用2次。以灭菌生理盐水配成10%注射液静脉输入。

三、抗梨形虫药

梨形虫病是由蜱传播的寄生在宿主红细胞内的原虫病。病犬基本症状相似，如发热、贫血、黄疸等，药物治疗是抗梨形虫病的重要手段。

三氮脒（贝尼尔，二脒那嗪）

【理化性质、抗虫谱及适应症】

本品的二醋尿酸盐为黄色或金黄色结晶性粉末，易溶于水，微溶于乙醇，不溶于氯仿及乙醚。

三氮脒属于芳香双脒类，为广谱抗血液原虫药，对家畜梨形虫、锥虫和无形体均具有较好的治疗作用，但其预防作用较差。

本品属于新型抗梨形虫药，对驽巴贝斯虫、马巴贝斯虫、牛双芽巴贝斯虫、牛巴贝斯虫、柯契卡巴贝斯虫、羊巴贝斯虫和牛瑟氏泰勒虫效果显著，对犬巴贝斯虫有效，对吉氏巴贝斯虫效果不明显。

【制剂、用法与用量】

注射用三氮脒　每支0.25克、1克。肌内注射量：犬每次3.5毫克/千克体重。本品应临用现配，配成5%～7%注射液深部肌内注射，但不得超过3次，每次间隔最好为24小时。

【注意事项】

（1）本品安全范围小，毒性较大，治疗量也会出现不良反应。

（2）柯利犬治疗剂量应用后可呈现出汗、流涎、腹痛甚至神经症状。

咪唑苯脲（咪唑啉卡普，咪多卡）

【理化性质、抗虫谱及适应症】

本品有二盐酸盐和丙二酸盐两种制剂，为无色粉末，均溶于水。

咪唑苯脲属于良好的抗梨形虫药，兼有预防和治疗作用。

本品属于新型抗梨形虫药，对牛、羊的双芽巴贝斯虫，马的巴贝斯虫，犬的巴贝斯虫所致疾病，疗效显著，并有一定的预防作用。

【制剂、用法与用量】

二丙酸咪唑苯脲注射液　皮下或肌内注射量：牛、犊牛、羊每次1～2毫克/千克体重，犬每次2～4毫克/千克体重，每日1次，必要时可连续应用2～3日。

【注意事项】

（1）本品有一定的毒性，用治疗量可出现流涎、兴奋、轻微或中等程度腹痛、胃肠蠕动加快等不良反应。

（2）肠道不吸收此药，口服未见明显副作用。

黄色素（锥黄素，盐酸吖啶黄）

【理化性质、抗虫谱及适应症】

本品为橙红色或红棕色结晶性粉末，易溶于水。

本品对马巴贝斯虫、牛双芽巴贝斯虫、犬巴贝斯虫均有

效。静脉注射后12～24小时病畜体温下降，血中虫体消失。

【制剂、用法与用量】

盐酸吖啶黄注射液　每支10毫升：50毫克。静脉注射量：犬每次3毫克/千克体重（极量0.5克/只）每2天1次，连用2～3次。应临用现配，一般制成0.5%～1%注射液应用。

【注意事项】

（1）刺激性较强，静脉注射时药液不可漏入皮下，注入速度宜慢，如果速度过快可引起病畜不安，脉搏、呼吸增数，肠蠕动加快等不良反应。

（2）有肝、肾疾病的患畜禁用。

青蒿琥酯

【理化性质、抗虫谱及适应症】

本品为白色结晶性粉末，微溶于水，易溶于乙醇。

本品有抗环形泰勒梨形虫和双芽巴贝斯梨形虫作用，并能杀灭红细胞配子体，减少细胞分裂及虫体代谢产物的致热原作用。

【制剂、用法与用量】

青蒿琥酯片　每片50毫克。内服量：犬每次5毫克/千克体重。首次量加倍，每日2次，连用2～4日。

【注意事项】

本品对实验动物具有明显的胚胎毒性作用，妊畜慎用。

甲硝唑（灭滴灵）

【理化性质、抗虫谱及适应症】

本品为白色或淡黄色结晶性粉末，微溶于水（1 ∶ 100）及乙醇。

本品主要用于牛毛滴虫病、犬贾第虫病和兔球虫病。

【制剂、用法与用量】

甲硝唑片　每片0.2克。内服量：犬每次10毫克/千克体重，1日2次，连用5日。

【注意事项】

（1）本品毒性较小，其代谢物常使尿液呈红棕色。

（2）剂量过大时，可出现震颤、衰弱和共济失调等为特征的神经系统紊乱的不良反应。

（3）本品能透过胎盘屏障及从乳汁排泄。

第二节　抗蠕虫药

抗蠕虫药是指能够杀灭或驱除寄生于畜禽体内的蠕虫的

药物，亦称驱虫药。根据临床应用可以分为驱线虫药、抗绦虫药以及抗吸虫病。

一、驱线虫药

家畜线虫病不仅种类多，危害大。现市场上有较多广谱、高效和安全的新型驱线虫药。驱线虫药大致可以分为苯并咪唑类、咪唑并噻唑类、四氢嘧啶类、有机磷化合物以及抗生素类等。

（一）苯并咪唑类

本类药物主要对线虫具有较强的驱杀作用，有的不仅对成虫而且对幼虫也有效，有些还具有杀虫卵作用。

阿苯达唑（丙硫咪唑，丙硫苯咪唑，抗蠕敏）

【理化性质、抗虫谱及适应症】

本品为白色至淡黄色粉末，不溶于水，几乎不溶于乙醇。

本品为噻苯咪唑类药物，对多种线虫有高效，而且对某些吸虫及绦虫也有较强的效应。

本品对犬猫常见的胃肠道线虫、肺线虫、肝片吸虫和绦虫均有效，可同时去除混合感染的多种寄生虫。

【制剂、用法与用量】

阿苯达唑片　每片200毫克。内服量：犬25～50毫克/千克体重，口服1次。

【注意事项】

（1）阿苯达唑是苯并咪唑类驱虫药中毒性较大的一种，应用剂量虽然不会引起中毒反应，但连续超剂量给药，有时会引起严重反应。

（2）连续长期应用本品，能使蠕虫产生耐药性，并且与苯并咪唑类药物有可能产生交叉耐药性。

芬苯达唑（硫苯咪唑，丙硫苯咪唑）

【理化性质、抗虫谱及适应症】

本品为白色结晶性粉末，难溶于水，微溶于甲醇。

本品为噻苯咪唑的衍生物。对多种动物的多数线虫及其幼虫有较强的驱除效果，主要是干扰虫体能量生成的代谢。

本品对多种动物的大多数线虫有效，对部分吸虫、绦虫有驱除作用。

【制剂、用法与用量】

芬苯达唑片　每片0.1克。内服量：犬每次22毫克/千克体重，1日1次，连用3日（各种线虫）。驱带状绦虫每次用50毫克/千克体重，1日1次，连用3日。本品还适于治疗猫的肺虫和胃虫，剂量为每次20～50毫克/千克体重，1日1次，连用5日（肺虫）或连用3日（胃虫）。

【注意事项】

（1）本品毒性低，也可用于有病和虚弱的动物。

（2）长期应用本品，可引起耐药虫株。

非班太尔

【理化性质、抗虫谱及适应症】

本品为白色或类白色结晶性粉末。在三氯甲烷中易溶，在水中不溶。

非班太尔本品无驱虫活性，在动物体内转化为芬苯达唑、芬苯达唑亚砜（奥芬达唑）和氧苯达唑而显驱虫活性。本品还常与吡喹酮等合用。

对犬钩虫、管形钩口线虫、犬弓首蛔虫、猫弓首蛔虫、鞭虫，以及带绦虫、猫绦虫、犬复孔绦虫成虫虫体或潜伏期虫体均有良好的驱虫效果。

【制剂、用法与用量】

复方班太尔片　每片0.344克（非班太尔0.15克、双羟萘酸噻嘧啶0.144克、吡喹酮0.05克）。内服量：犬，每10千克体重1片，每1～3个月可重复应用。

【注意事项】

（1）对苯并咪唑类驱虫药耐受的蠕虫，对本品也可能存在交叉耐受性。

（2）其他参见阿苯达唑。

（二）咪唑并噻唑类

本类药物对畜禽主要消化道寄生线虫和肺线虫有效，驱虫范围较广，主要包括四咪唑或左旋咪唑。

左旋咪唑（左咪唑，左噻咪唑）

【理化性质、抗虫谱及适应症】

本品为噻咪唑（四咪唑）的左旋体，只有左旋体具有驱虫作用。左旋咪唑的盐酸盐、磷酸盐均为白色结晶或结晶性粉末，在水中极易溶解。

左旋咪唑对多种线虫有驱除作用，如胃肠道线虫、肺线虫、肾虫、心丝虫、眼寄生虫等。主要是通过拟胆碱样作用，兴奋虫体神经节，产生持续性肌收缩，继而麻痹杀灭虫体。

左旋咪唑常用于各种动物的驱虫，对成虫和幼虫均有效。对犬可用于驱除蛔虫、钩虫和心丝虫，对猫肺线虫（奥妙毛圆线虫）有效。

【制剂、用法与用量】

犬、猫每次10毫克/千克体重，每日1次，连用2天。

盐酸左旋咪唑注射液　每支2毫升：0.1克，5毫升：0.25克。肌内、皮下注射量：犬、猫每次10毫克/千克

体重，每日1次，连用2天。

【注意事项】

（1）左旋咪唑引起的中毒症状如流涎、排粪、呼吸困难与有机磷中毒相似，此时可以用阿托品解毒。

（2）盐酸左旋咪唑注射时，对局部组织刺激性较强，反应严重。

（三）四氢嘧啶类

本类药物也是广谱驱线虫药，主要包括噻嘧啶和甲噻嘧啶，还有羟嘧啶。这类药物适用于各种动物的大多数胃肠道寄生虫。

甲噻嘧啶（甲噻吩嘧啶，保康灵，莫仑太尔）

【理化性质、抗虫谱及适应症】

本品的酒石酸盐为淡黄色无晶形粉末，易溶于水，不溶于醋酸和苯。

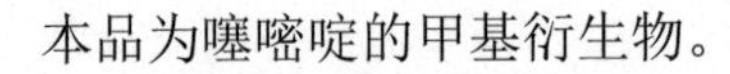

本品为噻嘧啶的甲基衍生物。

猪、犬蛔虫对本品敏感，治疗量对食道口线虫有良好的驱虫作用。

【用法与用量】

按有效成分（碱基）计算，酒石酸甲噻嘧啶内服1次量：犬5毫克/千克体重（本品酒石酸盐15毫克=碱基10毫克）。

【注意事项】

忌与含铜、碘的制剂配伍。

（四）抗生素类

抗生素类驱虫药主要有两类，一类是属于氨基糖苷类抗生素的越霉素A和潮霉素B。第二类是属于大环内酯类抗生素的新型抗寄生虫药。

伊维菌素（害获灭）

【理化性质、抗虫谱及适应症】

本品是人工合成的阿维菌素衍生物，白色结晶性粉末，几乎不溶于水，易溶于甲醇、乙醇、丙酮、乙酸乙酯。

伊维菌素是新型的广谱、高效、大环内酯类抗寄生虫药，对体内外寄生虫特别是线虫和节肢动物均有良好的驱杀作用，对绦虫、吸虫和原生动物无效。

伊维菌素对犬的肠道线虫、心丝虫、微丝蚴和体表寄生虫均有较好的治疗作用。

【制剂、用法与用量】

伊维菌素注射液　每瓶50毫升：0.5克，100毫升：1克，皮下注射量：犬、猫每次0.2毫克/千克体重，每周1次，连用3～5次。

【注意事项】

（1）伊维菌素除了内服外，仅限于皮下注射，因肌内、静脉注射易引起中毒反应。

（2）多数品种犬应用伊维菌素均较安全，但柯利犬对本品敏感。

（3）伊维菌素对线虫，尤其是节肢动物产生的驱除作用缓慢，有些虫种要数天甚至数周才能出现明显药效。

阿维菌素（爱比菌素，阿巴美丁）

【理化性质、抗虫谱及适应症】

本品为白色或淡黄色结晶性粉末，几乎不溶于水，微溶于乙醇。

本品为强力、广谱的驱肠道线虫药，对体外寄生虫亦有杀灭作用。本品通过干扰虫体递质（γ-氨基丁酸）而麻痹虫体。

本品对犬的钩虫、蛔虫、蛲虫、心丝虫及其蚴，以及对蜱、螨、虱、蝇类及蝇类蚴（如鼻蝇蚴、肠蝇蚴）、耳恙虫有较好的驱杀作用，没有驱除吸虫、绦虫的作用。

【制剂、用法与用量】

阿维菌素针剂。皮下注射1次量：犬每次200微克/千克体重，每周1次，连用3～5次。

【注意事项】

阿维菌素毒性比伊维菌素强。性质不稳定，对光极敏感，会迅速氧化灭活。

多拉菌素

【理化性质、抗虫谱及适应症】

本品为白色或淡黄色结晶性粉末，微溶于水，易溶于氯仿等有机溶剂。

多拉菌素属大环内酯类体内、外杀虫剂，其主要作用和抗虫谱与伊维菌素相似，但抗虫活性稍强，毒性较小。作用机制与伊维菌素相同。对犬、猫胃肠道线虫、肺线虫、眼虫、虱、蜱、螨均有高效。

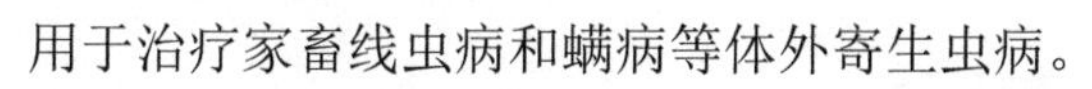

用于治疗家畜线虫病和螨病等体外寄生虫病。

【制剂、用法与用量】

多拉菌素注射液　每瓶50毫升：0.5克，200毫升：2克。肌内注射：每次0.2毫克/每千克体重，每周1次，连用3～5次。

【注意事项】

（1）犬可见严重不良反应，如死亡等。

（2）其他参见伊维菌素注射液。

美贝霉素肟

【理化性质、抗虫谱及适应症】

本品在有机溶剂中易溶，在水中不溶。

美贝霉素肟是由一种吸湿性链霉素产生的大环内酯类抗寄生虫药。本品对某些节肢动物和线虫具有高度活性，是专用的犬的抗寄生虫药。

本品对内寄生虫（线虫）和外寄生虫（犬蠕形螨）均有高效。对犬恶丝虫发育中的幼虫均极为敏感，主要用于预防微丝蚴和肠道寄生虫（如犬弓首蛔虫、犬鞭虫和钩口线虫）。

【制剂、用法与用量】

美贝霉素肟片　每片2.3毫克、5.75毫克、11.5毫克、23毫克。内服：犬每次0.5～1毫克/千克体重，每月1次。

【注意事项】

（1）美贝霉素肟对多数品种犬毒性不大，安全范围较广，但长毛牧羊犬对本品敏感。

（2）本品治疗微丝蚴时患犬常出现中枢神经抑制、流涎、咳嗽、呼吸急迫和呕吐。必要时可用1毫克/千克体重的泼尼松龙预防。

（3）不足4周龄以及体重低于1千克的幼犬，禁用本品。

（4）本品不能与乙胺嗪并用。

莫西菌素

【理化性质、抗虫谱及适应症】

莫西菌素是由一种链霉素发酵产生的半合成单一成分的大环内酯类抗生素。具有广谱驱虫活性，对犬的线虫和节肢动物寄生虫有高度驱除活性。

【制剂、用法与用量】

莫西菌素注射液　1毫升：10毫克，5毫升：50毫克。皮下注射：犬每次0.2毫克/千克体重，每周1次，连用2次。

【注意事项】

莫西菌素对动物较安全，而且对伊维菌素敏感的长毛牧羊犬用之亦安全，但高剂量时个别犬可能出现嗜睡、呕吐、共济失调、厌食、下痢等症状。

二、抗绦虫药

理想的抗绦虫药，应能完全驱杀虫体，若仅能使绦虫节片脱落，则完整的头节大概在2周内又会生出体节。目前常用的抗绦虫药主要有吡喹酮、依西太尔、氢溴酸槟榔碱、氯硝柳胺等。

吡喹酮（环吡异喹酮）

【理化性质、抗虫谱及适应症】

本品为白色或类白色结晶性粉末，微溶于水，可溶于乙醇、氯仿等有机溶剂。

本品为广谱驱虫药，对人、畜的绦虫病与吸虫病都有很好的疗效，对线虫和原虫无效。

内服吡喹酮后能杀灭在肌肉、脑、腹腔、胆管等处广泛存在的囊尾蚴。对犬细粒棘球绦虫、复殖孔绦虫、中线绦虫都有显著的驱杀作用。

【制剂、用法与用量】

吡喹酮片　每片0.2克、0.5克。内服量：犬、猫2.5～5毫克/千克体重，口服1次，需要时1月后可重复用药1次。

【注意事项】

（1）本品毒性虽然很低，但高剂量偶尔会使动物的血清谷丙转氨酶升高。

（2）大剂量皮下注射时，犬、猫出现的全身反应为疼痛、呕吐、下痢、流涎、无力、昏睡等。

氯硝柳胺（灭绦灵，育末生）

【理化性质、抗虫谱及适应症】

本品为淡黄色或灰白色轻质粉末或结晶性粉末，几乎不溶于水，微溶于乙醇。

氯硝柳胺对多种绦虫均有杀灭作用。它控制绦虫对葡萄糖的摄取，同时对绦虫线粒体的氧化磷酸化过程发生解偶联作用，从而阻断三羧酸循环，导致乳酸堆积而杀灭绦虫。

氯硝柳胺对绦虫头节和体节具有同样的驱排效果。

【制剂、用法与用量】

氯硝柳胺片　每片0.5克。内服量：犬60～70毫克/千克体重，口服1次，需要时1月后可重复用药1次。

【注意事项】

（1）本品安全范围较广，多数动物使用安全，但犬、猫较敏感。

（2）所有动物用药前均须空腹1夜。

伊喹酮

【理化性质、药理作用及适应症】

本品为白色结晶性粉末，难溶于水。

本品为犬、猫专用的抗绦虫药，作用机理与吡喹酮相似，即影响绦虫正常的钙离子和其他离子活动导致强直性收缩，也能损害绦虫表皮，使得损伤虫体溶解，最后为宿主所消化。

本品对犬、猫常见的绦虫（犬、猫复孔绦虫、犬豆状带绦虫）均有疗效。

【制剂、用法与用量】

伊喹酮片　每片12.5毫克、25毫克，50毫克。内服量：犬2.5毫克/千克体重，猫1.25毫克/千克体重，口服1次，需要时1月后可重复用药1次。

【注意事项】

不足7周龄的犬、猫不宜应用本药。

氢溴酸槟榔碱

【理化性质、药理作用及适应症】

本品为白色或淡黄色结晶性粉末，易溶于水和乙醇，微溶于氯仿和乙醚。

本品内服后对犬细粒棘球绦虫、豆状带绦虫、泡状带绦虫疗效好。

【制剂、用法与用量】

氢溴酸槟榔碱片　每片5毫克、10毫克。内服量：犬2毫克/千克体重，口服1次，需要时1月后可重复用药1次。

【注意事项】

（1）治疗量时，个别犬会产生呕吐和腹泻的症状，但多数能自行耐过，若病例中毒严重，可用阿托品解救。

（2）用药前，犬应禁食12小时，用药后2小时若不排便，用盐水灌服，以加速麻痹虫体的排出。

（3）与拟胆碱药并用时能使毒性增加。

三、抗吸虫药

寄生于犬、猫的常见吸虫有肺吸虫、华枝睾吸虫和后睾吸虫等，引起寄生部位的病变及相应的临床症状，发病后需用抗吸虫药驱除吸虫。常用的抗吸虫药有硝氯酚、吡喹酮、阿苯达唑、硫双二氯酚等。

硝氯酚（联硝氯酚）

【理化性质、抗虫谱及适应症】

本品为黄色结晶性粉末，不溶于水，微溶于乙醇。

硝氯酚的驱虫作用机制在于干扰虫体能量代谢，阻止三磷酸腺苷的生成。本品对犬猫肝片吸虫、肺吸虫、华枝睾吸虫有较好的驱除作用。

【制剂、用法与用量】

硝氯酚片　每片0.05克、0.1克。内服量：犬、猫1毫克/千克体重每次，每日1次，连用3天。

硝氯酚注射液　10毫升∶0.4克，2毫克∶0.08克。皮下或肌内注射量：犬、猫每次1～2毫克/千克体重，每日1次，连用3天。

【注意事项】

（1）本品对动物比较安全，治疗量一般不会出现不良

反应。

（2）过量给药会引起中毒症状，如发热、呼吸困难、窒息等，可根据症状选用安钠咖、毒毛旋花苷、维生素C等治疗。

吡喹酮（环吡异喹酮）

【理化性质、抗虫谱及适应症】

本品为白色或类白色结晶性粉末，微溶于水，可溶于乙醇、氯仿等有机溶剂。

本品为广谱驱虫药，对人、畜的绦虫病与吸虫病都有很好的疗效，对线虫和原虫无效。

内服吡喹酮后能杀灭在肌肉、脑、腹腔、胆管等处广泛存在的囊尾蚴。对犬细粒棘球绦虫、复殖孔绦虫、中线绦虫都有显著的驱杀作用。

【制剂、用法与用量】

吡喹酮片　每片0.2克，0.5克。内服量：犬、猫每次25～50毫克/千克体重，1次应用，需要时1月后重复用药1次。

【注意事项】

（1）本品毒性虽然很低，但高剂量偶尔会使动物的血清谷丙转氨酶升高。

（2）大剂量皮下注射时，犬、猫出现的全身反应为疼痛、呕吐、下痢、流涎、无力、昏睡等现象。

阿苯达唑（丙硫咪唑，丙硫苯咪唑，抗蠕敏）

【理化性质、抗虫谱及适应症】

本品为白色至淡黄色粉末，不溶于水，几乎不溶于乙醇。

本品为噻苯咪唑类药物，对多种线虫有高效，而且对某些吸虫和绦虫也有较强的效应。

本品对犬、猫常见的胃肠道线虫、肺线虫、肝片吸虫和绦虫均有效，可同时去除混合感染的多种寄生虫。

【制剂、用法与用量】

阿苯达唑片　每片200毫克。内服量：犬每次50毫克/千克体重，连用14～21天。

【注意事项】

（1）阿苯达唑是苯并咪唑类驱虫药中毒性较大的一种，应用剂量虽然不会引起中毒反应，但连续超剂量给药，有时会引起严重的反应。

（2）连续长期应用本品，能使蠕虫产生耐药性，并且与苯并咪唑类药物有可能产生交叉耐药性。

硫双二氯酚（硫氯酚，别丁）

【理化性质、抗虫谱及适应症】

本品为白色或类白色粉末，无臭或微带酚味，不溶于水，易溶于有机溶剂或稀碱液。

本品对犬猫的吸虫和绦虫有驱杀作用。对成虫疗效佳而对幼虫疗效差。作用机制是降低虫体葡萄糖分解和氧化代谢，特别是抑制琥珀酸的氧化，阻断了吸虫能量的获得。

【制剂、用法与用量】

硫双二氯酚片　每片0.25克。驱杀吸虫内服：犬、猫每次100毫克/千克体重，每日1次，连用7天。

【注意事项】

（1）本品犬、猫可耐受治疗量，有时出现轻度下泻。

（2）应用剂量超过治疗量时，可出现食欲减退、精神沉郁、腹泻等症状，数日内可自行恢复。

（3）对孕畜和胎儿发育无不良影响。

第三节　杀虫药

杀虫药是用于杀灭动物体外寄生虫（如虱、螨、蜱、虻、蚊、蝇及蝇蛐等）所用的药物。

使用杀虫剂时，应严格控制剂量和浓度，必须做到既能彻底杀虫，又不影响人、畜健康和畜产品质量。

杀虫药分为有机磷杀虫药、有机氯杀虫药、人工合成和天然杀虫药等，前两者因毒性较大，使用不多。

一、拟除虫菊酯类杀虫药

除虫菊（有效成分除虫菊酯）是一种高效、速效、对人及畜禽安全无毒的新型杀虫药。市场上有丙烯菊酯、胺菊酯、苄呋菊酯、二氯苯醚菊酯和速灭菊酯等。

溴氰菊酯（敌杀死）

【理化性质、药理作用及适应症】

本品为晶针状结晶，几乎不溶于水，可溶于丙酮、苯等。

本品是菊酯类杀虫剂中毒力最高的一种杀虫剂。杀虫谱广，对多种害虫均有效，杀虫效力强，具有触杀和胃毒作用。但对螨类的防治效果较差。

主要用于防治动物体外寄生虫病及杀灭环境卫生昆虫。

【制剂、用法与用量】

5%溴氰菊酯乳油（倍特） 预防浓度为30毫克/升，治疗浓度为50～80毫克/升，药浴或喷淋，必要时间隔7～10日重复处理。

【注意事项】

（1）对有大面积皮肤病及组织损伤的动物，用药后可能有轻度中毒，但不至于死亡。

（2）不可与碱性物质混用，以免降低药效。

（3）该药对螨疥类防治效果较差，不可专门用作杀螨剂。

氯氰菊酯（灭百可）

【理化性质、药理作用及适应症】

本品为棕色至深红褐色黏稠液体，难溶于水，易溶于乙醇；顺式氯氰菊酯为本品的高效异构体。

本品为广谱杀虫药，具有触杀和胃毒作用。顺式氯氰菊酯（高效灭百可）的杀虫力为本品的1～3倍。主要用于杀灭体外寄生虫。

【制剂、用法与用量】

本品10%乳油剂常用于灭虱，1500～2000倍稀释使用，用量60毫克/升。市售品有10%顺式氯氰菊酯乳油，杀蝇、蚊，3000～4000倍稀释使用，用本品20～30毫克/平方米。

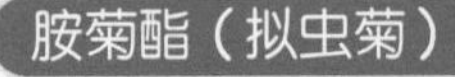

胺菊酯（拟虫菊）

【理化性质、药理作用及适应症】

本品为白色晶体粉末，不溶于水，能溶于苯、氯仿和煤油等有机溶剂。

本品是合成的除虫菊酯类杀虫剂，对人、畜安全、无刺激性，对蚊、蝇、虱、螨等都有杀灭作用。对昆虫击倒作用的速度居拟菊酯类杀虫药之首。本品多制成气雾剂使用。

【制剂、用法与用量】

胺菊酯-苄呋菊酯喷雾剂　本品含0.25%胺菊酯、0.12%苄呋菊酯，供喷雾用。

二、其他杀虫药

双甲脒溶液

【理化性质、药理作用及适应症】

本品为白色或浅黄色结晶性粉末，在水中几乎不溶，易溶于丙酮，在乙醇中缓慢分解。

本品是一种合成接触性广谱杀虫剂，对各种螨、蜱、虱、蝇等均有效。对人、畜安全，对蜜蜂相对无害。

可用于犬的体外寄生虫病，如疥螨、痒螨、蜱、虱等。

【制剂、用法与用量】

双甲脒乳油（特敌克）规格为含量12.5%。系微黄色澄明液体，可驱杀犬体表寄生虫的蜱、螨、虱等。猫螨病可用本品1升加水配成250升药液进行药浴或涂擦。灭虱时杀灭率可达100%，半日内能杀灭全部活虱，3日内卵囊也全部致死。

只用药1次，即能彻底消除虱患，对人、畜安全无毒，使用方便。

【注意事项】

（1）双甲脒溶液对皮肤有刺激性，防止药液沾污皮肤和眼睛。

（2）对严重病畜用药7天后再用一次，以彻底治愈。

非泼罗尼

【理化性质、药理作用及适应症】

纯品为白色结晶性粉末，难溶于水。

本品为广谱杀虫药，主要通过胃毒和接触毒作用，对拟除虫菊酯、氨基甲酸酯有抗药性的昆虫也有极强的驱杀作用。

本品主要用于犬、猫的跳蚤，犬蜱及其他体表寄生虫的防治。

【制剂、用法与用量】

非泼罗尼喷剂　100毫升：0.25克、250毫升：0.625克。喷雾，每千克体重3～6毫升，每月1次。

【注意事项】

对人、畜有中等毒性。

第三章 常用抗肿瘤药

肿瘤是严重威胁犬、猫健康的常发病、多发病。但其病因、发病机制、临床症状尚未完全阐明，故防治效果不理想。目前，对于犬、猫的肿瘤治疗方法中，根治性手术治疗仍是相对可行的治疗手段，但对于不能切除或完全切除的病例，应根据临床情况合理选择包括化学治疗、放射治疗和免疫治疗等在内的综合治疗措施，以达到治愈目的。

应用抗肿瘤药化疗是目前临床治疗肿瘤病的重要手段之一，在犬、猫肿瘤诊治过程中占据重要的地位，但仍存在对肿瘤的选择性差、免疫抑制及不良反应等缺点。

目前，已用于犬、猫肿瘤治疗的药物有下面几种。

环磷酰胺

【理化性质、药理作用及适应症】

为白色结晶或结晶性粉末，易溶于水、乙醇和丙酮，水溶液稳定性较差，应现用现配。

本品其代谢产物能与DNA交联，抑制DNA合成和发挥功能。

临床主要用于治疗淋巴增生性疾病、骨髓增生性疾病和免疫介导性疾病。在多种肉瘤和癌症的治疗中有一定的作用。

【制剂、用法与用量】

环磷酰胺注射剂　每支100毫克、200毫克、500毫克、1000毫克，静脉注射用量：犬、猫200～250毫克/平方米（体表面积），每周连续4天给药。

【注意事项】

（1）定期检测白细胞。

（2）有膀胱炎的存在风险。

（3）其他不良反应包括呕吐、腹泻、肝肾毒性和毛发生长速度减慢。

多柔比星

【理化性质、药理作用及适应症】

本品盐酸盐为橘红色针状结晶，易溶于水、甲醇，水溶液性质稳定。

本品能够抑制DNA的合成与功能。

临床主要用于治疗犬的淋巴瘤、各种类型的肉瘤，同时对犬的癌和猫的软组织肉瘤均有疗效。

【制剂、用法与用量】

多柔比星注射剂　每支10毫克、50毫克，静脉注射量：犬30毫克/平方米（体表面积），每3周一次；猫20～25毫克/平方米（体表面积），每3～5周一次。

【注意事项】

（1）心脏病动物禁用。

（2）发生过敏反应时，应使用肾上腺素、皮质类固醇和输液进行治疗。

（3）不良反应包括厌食、呕吐、严重的白细胞减少症、胃肠炎、肾毒性等。

羟基脲

【理化性质、药理作用及适应症】

本品为白色针状结晶，无臭无味，微溶于冷乙醇，易溶于水和热乙醇。

本品主要通过抑制核苷酸还原酶来阻止DNA的合成与修复。

主要用于治疗红细胞增多症、白血病以及肥大细胞瘤。

【制剂、用法与用量】

羟基脲胶囊　每只500毫克，口服剂量：犬50毫克/千克，每日1次，连用1～2周；猫10毫克/千克，每日1次，直至消退。

【注意事项】

（1）肾功能不全者慎用。

（2）骨髓抑制患者禁用。

（3）服用本品不良反应包括骨髓抑制、胃肠道症状、排尿困难以及皮肤反应等。

顺铂

【理化性质、药理作用及适应症】

本品为黄色或橙黄色结晶性粉末，微溶于水。

本品主要通过与DNA结合形成链内、链间交联和DNA-蛋白质交联，进而抑制DNA的合成与功能。

临床主要用于犬骨肉瘤，也可用于其他肉瘤和癌。

【制剂、用法与用量】

顺铂注射剂　每支10毫克、50毫克和150毫克，静脉注射量：犬50～70毫克/平方米（体表面积），间隔3～4周1次。

【注意事项】

（1）本品必须静脉注射给药。

（2）肾功能不全的犬禁用。

（3）猫禁用。

（4）犬不良反应包括肾毒性、骨髓抑制、呕吐、耳毒性、神经毒性、过敏反应等。

长春新碱

【理化性质、药理作用及适应症】

本品硫酸盐为白色针尖状结晶，味略苦。难溶于乙醇，可溶于甲醇、氯仿，易溶于水，有吸湿性。

本品能够抑制微管蛋白的聚合而影响纺锤体微管的形成，使有丝分裂停止于中期。还可干扰蛋白质代谢及抑制RNA多聚酶的活力，并抑制细胞膜类脂质的合成和氨基酸在细胞膜上的转运，导致细胞死亡。

临床主要用于治疗犬猫肿瘤性疾病，尤其是淋巴增生异常。

【制剂、用法与用量】

长春新碱注射剂　每瓶1毫克、2毫克和5毫克，静脉注射用量：犬、猫0.025毫克/平方米（体表面积），每周1次，连用4周。

【注意事项】

不良反应包括胃肠道毒性、便秘以及具有严重的局部刺激性。

门冬酰胺酶

【理化性质、药理作用及适应症】

本品为白色结晶。

本品能够阻断恶性肿瘤细胞获得天门冬酰胺，从而引起蛋白质合成停止、细胞死亡。

临床主要用于治疗淋巴增生性疾病。

【制剂、用法与用量】

门冬酰胺酶注射剂　每支5000单位、10000单位，肌内注射量：犬、猫400单位/千克体重，需给药数周。

【注意事项】

（1）有胰腺炎病史的动物禁用。

（2）给药后可能出现过敏反应，建议给药前给抗组胺药。

放线菌素

【理化性质、药理作用及适应症】

本品为橙红色或接近鲜红色结晶性粉末，无臭，有引湿性，几乎不溶于水，易溶于氯仿、丙酮，微溶于乙醇，性质不稳定，遇光效价降低。

本品为抗生素类的抗肿瘤药，能够抑制细胞DNA的合成与功能。对RNA和蛋白质合成的抑制也可导致细胞毒性。

临床主要用于对犬淋巴瘤的治疗，也用于一些肉瘤和癌的治疗。

【制剂、用法与用量】

放线菌素注射剂　每支0.5毫克，静脉注射量：犬0.5～0.75毫克/平方米（体表面积），缓慢滴注，每2～3周一次。

【注意事项】

（1）存在剂量依赖毒性。

（2）也可能出现胃肠道和肝脏毒性。

（3）能增加尿酸盐结石形成的风险。

氟尿嘧啶

【理化性质、药理作用及适应症】

本品为类白色或白色结晶性粉末，微溶于乙醇，略溶于水。贮存时变色，故应密闭、遮光保存。

临床主要用于治疗基底细胞瘤、局部鳞状细胞瘤、肠癌、乳腺癌等。

【制剂、用法与用量】

氟尿嘧啶注射剂　每瓶250毫克、500毫克和2500毫克，静脉注射量：犬150～200毫克/平方米（体表面积），每周

1次，连用6周。

【注意事项】

（1）猫禁用。

（2）肝、肾或骨髓损伤犬治疗过程中剂量减半。

（3）不良反应包括厌食、呕吐、胃肠炎、腹泻、血小板减少症、贫血、脱毛等。

第四章

常用消毒防腐药

消毒药是指能迅速杀灭病原微生物的药物，防腐药是指能抑制微生物生长繁殖的药物。但消毒药在低浓度时仅呈现抑菌作用，而防腐剂在高浓度时也能杀菌。因此，二者并无严格的界限，一般总称为消毒防腐药。它们的作用与抗生素不同，没有严格的抗菌谱，在杀灭或抑制病原体的浓度下，往往也能损害畜、禽机体，故较少作体内用药，主要用于体表（如皮肤、黏膜、伤口等）、器械、排泄物和周围环境的消毒。消毒防腐药为兽医临床上常用的药物。

一、酚类

苯酚（石炭酸）

【理化性质、药理作用及适应症】

本品为无色或淡红色针状结晶，可溶于水，易溶于有机溶剂，有潮解性，须避光、密封保存。

苯酚可使蛋白质变性，故有杀菌作用，其杀菌效果与温度呈正相关。

临床主要用于对犬舍、器具、排泄物和车辆的消毒。

【制剂、用法与用量】

苯酚溶液　用2%～5%浓度苯酚溶液进行环境、器具、犬舍、排泄物等消毒。

【注意事项】

（1）严禁与碘、高锰酸钾、过氧化氢等配伍使用。

（2）5%苯酚溶液具有强烈刺激和腐蚀作用，应用时要注意。

煤酚皂溶液（甲酚，来苏儿）

【理化性质、药理作用及适应症】

本品为黄棕色至红棕色的澄清液体。能溶于酒精和醚，难溶于水，与水混合则成浑浊的乳状液。有类似苯酚的臭味，久贮或与日光接触，则颜色变深。

本品抗菌效果强，比苯酚强3～10倍，毒性低。能够杀灭一般病原菌，对结核杆菌和真菌有一定的杀灭能力，但对芽孢无效。

主要用于犬舍、场地、排泄物和器械等消毒。

【制剂、用法与用量】

来苏儿　每瓶500毫升，用于犬舍、环境、器具消毒：使用3%～5%溶液。用于手臂皮肤消毒：使用1%～2%溶液。用于冲洗创伤或黏膜：使用0.1%～0.2%的溶液。

【注意事项】

（1）不宜用于棉、毛织品的消毒。

（2）对皮肤有一定的刺激和腐蚀作用。

二、醇类

乙醇（酒精）

【理化性质、药理作用及适应症】

本品为无色透明的液体，易挥发、易燃烧，应在冷暗处避火保存。能与水、醚、甘油、氯仿、挥发油等任意混合。

乙醇主要通过使细菌菌体蛋白质凝固并脱水而发挥杀菌或抑菌作用。70% ～ 75%乙醇杀菌能力最强，可杀死一般病原体的繁殖体，但对细菌芽孢无效。

临床主要用于皮肤、手臂、注射部位、注射针头及小件医疗器械的消毒。

【制剂、用法与用量】

无水乙醇　每瓶500毫升，消毒剂量：配置成70% ～ 75%乙醇进行消毒。

【注意事项】

本品对黏膜刺激性大，不能用于黏膜和创面的消毒。

三、碱类

氢氧化钠（苛性钠）

【理化性质、药理作用及适应症】

本品为白色结晶，极易溶于水，吸湿性强，易与空气中二氧化碳形成碳酸钠或碳酸氢钠，应密闭保存。

本品能够本品能溶解蛋白质，破坏细菌的酶系统和菌体结构，对细菌繁殖体、芽孢等起到杀灭作用。

临床主要用于对被病毒或细菌污染的犬、猫舍，器具和车辆的消毒。

【制剂、用法与用量】

氢氧化钠　每瓶500克，犬、猫舍，器具，车辆等消毒：使用2%氢氧化钠溶液。

【注意事项】

（1）氢氧化钠腐蚀较强。

（2）消毒人员在使用过程中注意防护。

氧化钙（生石灰）

【理化性质、药理作用及适应症】

本品为白色或灰白色块状或粉末，无臭，吸湿性强，能够在吸收空气中二氧化碳后变成坚硬的碳酸钙失去消毒作用，应干燥保存。

氧化钙加水后，生成氢氧化钙，具有强碱性，氢氧根离子对微生物蛋白质具有破坏作用，钙离子也使细菌蛋白变性而起到抑制或杀灭病原微生物的作用。

主要用于对犬、猫舍墙壁、地面的消毒。

【制剂、用法与用量】

氧化钙　犬、猫舍墙壁、地面消毒：一般配置成10%～20%石灰乳。

【注意事项】

石灰乳宜现用现配。

四、醛类

甲醛溶液（福尔马林）

【理化性质、药理作用及适应症】

本品为无色或几乎无色的透明液体，有刺激性臭味，与水或乙醇能任意混合。

甲醛在气态或溶液状态下，能够凝固细菌菌体蛋白和溶解类脂，还能与蛋白质的氨基酸结合使蛋白质变性，起到灭菌作用。

临床主要用于犬舍、衣物、器具的喷洒消毒。

【制剂、用法与用量】

甲醛溶液　犬舍、器具及排泄物消毒：2% 甲醛溶液。

【注意事项】

（1）本品对皮肤和黏膜刺激性较强。

（2）因本品有特殊气味，一般不用于对猫舍和猫器具的消毒。

五、过氧化物类

过氧化氢溶液（双氧水）

【理化性质、药理作用及适应症】

本品为无色澄明液体，无臭或有类似臭氧的臭味。遇有机物可迅速分解发生泡沫，加热或遇光即分解变质，故应密封避光阴凉处保存。

本品能够与组织中过氧化氢酶接触分解出初生态氧而起到杀菌的作用。

临床主要用于清洗化脓创创面或黏膜。

【制剂、用法与用量】

3%过氧化氢溶液　每瓶500毫升，清洗化脓创：使用1%～3%溶液；冲洗口腔或阴道黏膜：使用0.1%～1%溶液。

【注意事项】

（1）严禁用手直接接触，避免发生刺激性灼伤。

（2）禁止与有机物、碱类生物碱、碘化物或其他强氧化剂配伍使用。

（3）不能注入胸腔、腹腔等密闭体腔或腔道，或气体不易逸散的深部脓疡，以免产气过速导致栓塞或扩大感染。

高锰酸钾

【理化性质、药理作用及适应症】

本品为黑紫色菱形结晶或颗粒，无臭，易溶于水。与还原剂研磨或混合时易发生爆炸或燃烧。

本品为强氧化剂，遇有机物时即放出初生态氧而呈杀菌作用。

临床主要用于创面的冲洗消毒。

【制剂、用法与用量】

高锰酸钾　创面冲洗：常用0.1%～0.2%溶液。

【注意事项】

（1）本品水溶液应现用现配，同时避光保存。

（2）动物内服本品可引起消化系统症状。

过氧乙酸

【理化性质、药理作用及适应症】

本品为无色透明液体，易挥发，有刺激性气味，易溶于水和有机溶剂。

本品兼具酸和氧化剂的特点，是一种高效消毒剂，具有很强的灭菌作用。

临床主要用于犬、猫舍，器具和车辆等消毒。

【制剂、用法与用量】

20%过氧乙酸溶液　每瓶500毫升，用

于犬、猫舍，用具和车辆消毒：使用0.5%溶液。用于器械消毒：使用0.4%～2%溶液浸泡消毒。

【注意事项】

（1）本品具有腐蚀性。

（2）稀释液宜现用现配。

六、卤素类

碘

【理化性质、药理作用及适应症】

本品为灰黑色、有金属光泽的结晶物，有特殊臭味，具有挥发性，难溶于水，易溶于乙醇和甘油。

碘能够引起蛋白质的变性而具有极强的杀菌能力，能够杀灭细菌、霉菌、病毒和芽孢。

临床主要用于皮肤消毒和术部消毒。

【制剂、用法与用量】

碘酊　每瓶500毫升，皮肤消毒：使用2%碘酊。术部消毒：使用5%碘酊。

【注意事项】

（1）碘酊需涂于干燥的皮肤上。

（2）长时间浸泡金属器械，具有腐蚀性。

（3）对碘过敏的动物禁用。

聚乙烯酮碘（聚维酮碘）

【理化性质、药理作用及适应症】

本品为黄棕色无色定形粉末，有微臭，溶于水和乙醇。

本品接触创面或患处后能够释放出碘而发挥灭菌作用，对多种细菌、病毒、真菌以及芽孢均有灭杀作用。

临床主要用于对皮肤以及黏膜的消毒。

【制剂、用法与用量】

聚维酮碘溶液　每瓶500毫升，皮肤消毒：使用5%溶液。黏膜及创面消毒：使用0.1%溶液。

【注意事项】

（1）对碘过敏动物禁用。

（2）本品应在避光、密闭、阴暗处保存。

碘伏

【理化性质、药理作用及适应症】

本品为棕红色液体，无味，具有亲水、亲脂双重性，无刺激性。

本品为表面活性剂与碘络合的产物，能够杀细菌、病毒、真菌等，作用持久。

临床主要用于犬、猫舍，皮肤和器械等消毒。

【制剂、用法与用量】

碘伏溶液　每瓶500毫升，犬、猫舍消毒：使用5%溶液。用具、器械消毒：使用5%～10%溶液。

【注意事项】

长时间浸泡金属器械，具有腐蚀性。

含氯石灰（漂白粉）

【理化性质、药理作用及适应症】

本品为白色颗粒状粉末，有氯臭，微溶于水和乙醇，置于空气中易发生潮解而失效，应密封保存。

本品水解后能够产生次氯酸，释放出活性氯和初生氧，起到杀菌作用。对细菌、真菌和芽孢均有灭杀作用，杀菌能力强，作用持久。

临床主要用于犬、猫舍，地面，车辆，饮水，排泄物，呕吐物等的消毒，也可用于剥离器皿和非金属器械的消毒。

【制剂、用法与用量】

含氯石灰　犬、猫舍，地面，车辆，饮水，排泄物，呕吐物等的消毒：使用10% ～ 20%悬浊液。玻璃器皿和非金属用具消毒：使用1% ～ 5%溶液。

【注意事项】

（1）本品对皮肤和黏膜具有刺激性，消毒人员要注意防护。

（2）宜现用现配。

二氯异氰尿酸钠（优氯净）

【理化性质、药理作用及适应症】

本品为白色晶粉，有较浓氯臭，易溶于水，水溶液稳定性差。

本品为新型高效消毒药，杀菌谱广，对细菌繁殖体、病毒、芽孢、病毒、真菌孢子等均有较强的杀灭作用。

临床主要用于对犬、猫舍，器具，排泄物，呕吐物，水及其他污染物品的消毒。

【制剂、用法与用量】

二氯异氰尿酸钠　杀灭细菌和病毒：使用0.5% ～ 1%溶液。杀灭芽孢：使用5% ～ 10%溶液。

【注意事项】

本品吸湿性强，长期贮存应测定氯的含量。

七、表面活性剂

苯扎溴铵（新洁尔灭）

【理化性质、药理作用及适应症】

本品为无色或淡黄色胶状液体，易溶于水，水溶液呈碱性，振摇时能够产生大量泡沫。化学性质稳定，能长期保存。

本品能够作用用细菌的细胞膜，改变细胞膜的通透性，使得菌体胞浆物质外渗，阻碍细菌的代谢而起到杀菌作用。对芽孢无效。

临床主要用于皮肤、黏膜和伤口的消毒。

【制剂、用法与用量】

5%苯扎溴铵溶液　每瓶500毫升，皮肤及术前手臂消毒：使用0.1%溶液，浸泡5分钟。创面消毒：使用0.01%溶液。感染性创面消毒：使用0.1%溶液局部冲洗。

【注意事项】

（1）禁止与碘、碘化钾、过氧化物等配伍使用。

（2）不宜用于眼科器械、合成橡胶制品和铝制品的消毒。

醋酸氯己定（醋酸洗必泰）

【理化性质、药理作用及适应症】

本品为白色或接近白色结晶性粉末，无臭，微溶于水，易溶于乙醇。

本品为阳离子表面活性剂，抗菌谱广，对革兰氏阴性菌、阳性菌，真菌，霉菌等均有杀灭作用，杀菌作用强于苯扎溴铵，杀菌起效快，持续时间久，且无刺激性。

临床主要用于手术前消毒，黏膜、皮肤、器械等的消毒。

【制剂、用法与用量】

醋酸洗必泰粉剂　每瓶50克。术前手臂消毒：使用0.02%溶液，浸泡3分钟。创面冲洗消毒：0.05%溶液。术部皮肤消毒：0.05%溶液。器械消毒：0.1%溶液，浸泡10分钟以上。

【注意事项】

（1）本品水溶液配置后，每两周换配一次。

（2）长时间加热易发生分解。

百毒杀（癸甲溴铵溶液）

【理化性质、药理作用及适应症】

本品为无色液体，无臭，化学性质稳定。摇动时能够产生泡沫，可长期保存。

本品为阳离子表面活性剂，能够迅速渗入病原微生物细胞膜，改变其通透性，具有较强的杀菌能力。对细菌、病毒和真菌均有灭杀作用。

临床主要用于犬、猫舍，器具，饮水等的消毒。

【制剂、用法与用量】

百毒杀溶液　犬、猫舍及器具的消毒：使用0.015% ～ 0.05%溶液。饮水消毒：使用0.025% ～ 0.005%溶液。

【注意事项】

（1）原液对皮肤、眼睛有刺激性，使用时应注意。

（2）本品不可内服。

月苄三甲氯胺

【理化性质、药理作用及适应症】

本品为淡黄色液体，味苦，易溶于水或乙醇，不溶于非极性有机溶剂，振摇能产生大量泡沫。

本品为阳离子表面活性剂，能够迅速破坏病原微生物的生物膜，使微生物内物质外渗，快速杀灭病原微生物。杀菌作用较强。

临床主要用于犬、猫舍及器具的消毒。

【制剂、用法与用量】

月苄三甲氯铵溶液　犬、猫舍及器具的消毒：按1 ∶ 300倍稀释后进行消毒。

【注意事项】

本品禁止与肥皂、酚类、酸类、碘化物等消毒防腐药混合使用。

第五章

常用神经系统药物

第一节 全身麻醉药

全身麻醉药简称全麻药，是指使动物中枢神经系统部分机能产生可逆性的暂时抑制、感觉（特别是痛觉）减弱或消失、反射运动停止、骨骼肌松弛，但呼吸中枢和血管运动中枢的机能仍然存在的一类药物。其可分为吸入麻醉药和非吸入麻醉药两类。前者麻醉过程中兴奋期较明显，但麻醉深度易调节，临床上多用于小动物；后者在麻醉过程中一般不出现兴奋期。

目前，兽医临床上使用的全麻药没有令人完全满意的品种，故多采用复合麻醉，常用的有以下几种方法：

1.麻醉前给药

在使用全麻药前，先给一种或几种药物，以增强麻醉药的作用而减少副作用。根据不同的情况，从以下几类药物中选取合适药物以达到目的。

（1）镇静安定药　如巴比妥类、地西泮、氯丙嗪、乙酰丙嗪等。如氯丙嗪等有抗节律不齐、抗组胺、抗呕吐等效果。

（2）阿片类镇痛药　如哌替啶、芬太尼等。起镇痛加强麻醉作用。

（3）抗胆碱药　如阿托品、东莨菪碱等。麻醉前给药的作用是抑制呼吸道和唾液腺的分泌，并可防止迷走神经兴奋所致的心率减慢。

2. 基础麻醉

先用一种作用较持久的全麻药使动物进入浅麻醉，作为基础，然后再用吸入麻醉药以维持麻醉作用，具有缩短兴奋期、加强麻醉强度作用。

3. 诱导麻醉

应用诱导期短的硫喷妥钠或氧化亚氮，使动物迅速进入外科麻醉期，避免诱导期的不良反应，然后改用其他药物维持麻醉。

4. 混合麻醉

采用两种或两种以上的麻醉药混合在一起进行麻醉，以增强麻醉效果、减低药物的毒性，如水合氯醛-硫酸镁注射液。

5. 合用肌松药

在麻醉同时使用琥珀酸胆碱或筒箭毒碱类，以满足手术时肌松弛的要求。

一、吸入麻醉药

吸入麻醉药是一类挥发性的气体或液体药物。前者如氧化亚氮、环丙烷，后者如乙醚、氟烷、异氟烷、恩氟烷、地氟烷、七氟烷等。药物由呼吸道进入体内，麻醉深度可以通

过对吸入气体中的药物浓度（分压）的调节加以控制，并可连续维持，以满足手术需要。

吸入性麻醉药物随动物吸气经肺泡扩散进入血液循环，产生麻醉作用，其吸收速度与肺通气量、吸入气中药物浓度、肺血流量以及血/气分配系数等有关。体内分布与各器官的血流及组织内类脂质含量有关，脑组织血流丰富且类脂质含量高，故有利于全麻药吸入。

乙醚（麻醉乙醚）

【理化性质、药理作用及适应症】

本品为无色澄明液体，挥发性强，极易燃烧，微溶于水，易与醇混合。

本品为比较安全的吸入麻醉药。麻醉过程缓慢，3 ～ 10分钟产生麻醉。

临床主要用作犬、猫等中小动物或实验动物的全身麻醉药。

【制剂、用法与用量】

液体　每瓶100毫升。犬麻醉前皮下注射盐酸吗啡5 ～ 10毫克/千克体重、硫酸阿托品0.04毫克/千克体重，用乙醚面罩麻醉，直至出现麻醉指征为止。

【注意事项】

（1）贮存与使用时应避开明火，以免燃烧或爆炸。

（2）肝功能严重损害、急性上呼吸道感染患畜忌用。

（3）麻醉浓度的乙醚对呼吸道黏膜有刺激作用，可引起呼吸道分泌物增多。

氧化亚氮（笑气）

【理化性质、药理作用及适应症】

本品为无色气体，1体积本品可溶于1.5体积水，可溶于乙醇。

本品麻醉力较弱，常与氟烷、甲氧氟烷等麻醉药合并使用。本品作为辅助麻醉药与其他吸入麻醉剂合用可减少后者用量50%以上，从而减轻动物的呼吸和心脏抑制等不良反应。

本品可用于各种手术的维持麻醉。

【制剂、用法与用量】

用于小动物麻醉：75%氧化亚氮同25%氧混合，再加入氟烷、异氟醚等进行麻醉。

【注意事项】

（1）麻醉时，动物吸入气体的总容积中氧化亚氮一般不宜超过70%，而氧的浓度不应低于30%。

（2）在停止麻醉后，应给予吸入纯氧3 ~ 5分钟。

异氟烷和恩氟烷

【理化性质、药理作用及适应症】

异氟烷和恩氟烷互为同分异构体，为无色液体，不易溶解，性质稳定。

本品具有抑制中枢神经系统和体温调节中枢、增加脑血流量、抑制呼吸、降低血压、舒张血管、抑制心肌以及松弛肌肉等作用。麻醉诱导期平稳快速，麻醉强度易于调整，苏醒迅速。

【制剂、用法与用量】

异氟烷吸入麻醉剂　每瓶100毫升。犬、猫：诱导麻醉5%，维持麻醉1.5%～2.5%，吸入麻醉0.5%～2.5%。

【注意事项】

（1）异氟烷禁用于有恶性高热病史和倾向的病患。

（2）对脑脊液积多、脑损伤或严重肌无力的动物慎用。

（3）在用该麻醉药进行麻醉时，不与氨基糖苷类药物和林可霉素类药物联用。

七氟烷

【理化性质、药理作用及适应症】

本品为澄清无色液体；溶于乙醇或醚，微溶于水。

本品作用同异氟烷。本药麻醉诱导期短、平稳、舒适，麻醉深度易于控制，动物苏醒快，对心脏功能影响较小。在动物与人报道的最低肺泡有效浓度（MAC，%）为：犬，2.09～2.4；猫，2.58；人（成年），1.71～2.05。

临床主要用于快速诱导和/或快速苏醒的吸入麻醉。

【制剂、用法与用量】

七氟烷　每瓶250毫升。建议诱导麻醉剂量为2～2.5MAC，维持剂量为1～1.5MAC。

【注意事项】

（1）注意在诱导阶段不要过量给药，老龄动物可能要减少吸入麻醉剂量。

（2）其他同异氟烷。

二、非吸入麻醉药

本类药均无挥发性，主要通过注射进行麻醉，具有麻醉迅速、兴奋期短，但麻醉深度及持续时间不易掌握。

常用的非吸入性麻醉药有巴比妥类，如硫喷妥钠、戊巴比妥钠、异戊巴比妥钠；非巴比妥类，如氯胺酮、异丙酚、咪达唑仑等。

硫喷妥钠（戊硫巴比妥钠）

【理化性质、药理作用及适应症】

本品为淡黄色粉末，易溶于水，能溶于乙醇。

本品属超短巴比妥类药物。脂溶性高，亲脂性强，极易透过血脑屏障进入脑组织，故麻醉作用迅速而强烈，无兴奋期，但作用维持时间短。为了维持麻醉，可重复给药。

临床上主要用作静脉麻醉药，可单独使用，也可作基础麻醉，再用其他麻醉药维持麻醉深度。本品还有较好的抗惊厥作用，可用于抗破伤风、脑炎及中枢兴奋药中毒引起的惊厥。

【制剂、用法与用量】

注射用量硫喷妥钠　每支0.5克、1克。以硫喷妥钠计。临用时用注射用水或生理盐水配制成2.5%溶液。静脉麻醉用量：犬、猫20～25毫克/千克体重（多配成2.5%溶液）。

【注意事项】

（1）有肝、肾疾患重病，衰弱，休克，腹部手术，支气管哮喘的动物禁用。

（2）中毒引起呼吸及循环抑制时，可用戊四氮等中枢兴奋药解救。

戊巴比妥钠

【理化性质、药理作用及适应症】

本品为白色结晶性颗粒或粉末。易溶于水。

戊巴比妥钠具有中枢神经系统的抑制作用，小剂量能催眠、镇静，大剂量能引起镇痛和深度麻醉以及抗惊厥。

临床上可用于小动物的全身麻醉，犬可达1～2小时，本品作用强、显效快，但苏醒期长。本品还有镇静和抗惊厥作用，用于治疗中枢兴奋药中毒、破伤风、脑炎等引起的惊厥症状。

【制剂、用法与用量】

注射用戊巴比妥钠　每支0.1克。临用前用生理盐水配成3%～6%溶液。静脉注射：麻醉，犬、猫30～35毫克/千克体重；镇静、基础麻醉，犬、猫15～20毫克/千克体重。

【注意事项】

（1）动物苏醒后，静脉注射葡萄糖溶液将能使动物重新进入麻醉状态。

（2）肝肾功能不全的病畜慎用，忌与酸性药物混合。

异戊巴比妥钠

【理化性质、药理作用及适应症】

本品为白色的颗粒或粉末，易溶于水。

本品为戊巴比妥钠的异构体。作用同戊巴比妥钠相仿，依其剂量的增加，呈现镇静、催眠、麻醉和抗惊厥的作用，维持时间约为30分钟。

临床上主要用于镇静、抗惊厥和基础麻醉，亦用于实验动物麻醉。

【制剂、用法与用量】

注射用异戊巴比妥钠　每支0.1克。静脉注射量：犬、猫2.5～10毫克/千克体重。

氯醛糖（氯醛葡糖）

【理化性质、药理作用及适应症】

本品为白色针状结晶，无臭，味苦，微溶于水（1∶170），略溶于乙醇（1∶33）。

本品可作实验动物的麻醉药，麻醉可维持3～4小时。

【制剂、用法与用量】

静脉麻醉用量：犬、猫，40～100毫克/千克体重。

【注意事项】

本品大剂量能增强犬、猫脊髓反射机能，发生惊厥症状，常并用乙醚克服。

氯胺酮

【理化性质、药理作用及适应症】

常用其盐酸盐，为白色结晶性粉末，易溶于水，微溶于热乙醇。

本品为短效静脉麻醉药。其既可抑制丘脑新皮质系统，又能兴奋大脑边缘叶，引起感觉与意识分离，故称为“分离麻醉”。麻醉期间动物意识模糊而不完全丧失，眼睛睁开，骨骼肌张力增加，而痛觉却完全消失，呈现所谓“木僵样麻醉”。

本品主要用于犬、猫不需肌肉松弛的麻醉、短时间的手术及诊疗处置。如与赛拉嗪或芬太尼配合应用，能够延长麻醉时间并有肌松效果。

【制剂、用法与用量】

盐酸氯胺酮注射液　每支2毫升：0.1克。静脉注射，用作麻醉的用量：犬10～20毫克/千克体重，猫20～30毫克/千克体重。

【注意事项】

（1）妊娠后期动物禁用。

（2）对咽喉或支气管的手术或操作，不宜单用本品，必须应用肌肉松弛剂。

赛拉嗪（盐酸二甲苯胺噻嗪，隆朋）

【理化性质、药理作用及适应症】

本品为白色结晶，易溶于丙酮，能溶于乙醇，几乎不溶于水。

本品具有安定、镇痛和中枢性肌肉松弛作用。毒性低，安全范围大，无蓄积作用。

临床上可用于马、牛、野生动物的化学保定，也可用于犬、猫的配合麻醉施行手术。

【制剂、用法与用量】

赛拉嗪注射液　每支5毫升100毫克。肌内注射：犬、猫1～2毫克/千克体重。静脉注射：犬、猫0.5～1毫克/千克体重。

【注意事项】

（1）中毒时，可用M-受体阻断药（如阿托品）等解救。

（2）犬、猫用药后易引起呕吐。

新保灵

【理化性质、药理作用及适应症】

本品为白色或类白色结晶性粉末；本品在热水中微溶；在稀盐酸中易溶。

本品为合成的强镇痛药，主要用于动物的镇痛性保定，也可作为外科手术时的麻醉辅助用药。

【制剂、用法与用量】

保定1号（新保灵和盐酸氯丙嗪）、保定2号（新保灵和麻保静）注射液肌内注射（保定）用量（按新保灵含量计算）：犬科动物0.01～0.02毫克/千克体重。

【注意事项】

有心肺疾患、体质差的病畜禁用。

异丙酚（普鲁泊福，丙泊酚）

【理化性质、药理作用及适应症】

本品为稍溶于水的白色或类白色乳剂。

本品为烷基酚类短效静脉麻醉药。静脉注射后起效快、作用时间短、苏醒快而平稳。因此对门诊中犬、猫诊疗操作很有用。其苏醒主要是靠代谢失效而非再分布，因而当要苏醒时，可以小剂量重复给药。

本品主要用于全身麻醉的诱导与维持。

【制剂、用法与用量】

异丙酚注射液　每支20毫升：200毫克。静脉注射用量：没有用麻醉前给药的犬6.5毫克/千克体重、猫8毫克/千克体重；已用麻醉前给药的犬4毫克/千克体重、猫6毫克/千克体重。若静脉滴注，可将本品溶于5%葡萄糖溶液中，配成2毫克/毫升浓度后滴注。

【注意事项】

（1）犬苏醒期可出现呕吐与兴奋，诱导期可出现呼吸暂停。猫于苏醒期可出现打喷嚏和擦脸现象。

（2）心、肝、呼吸道与肾脏有损害时慎用。

（3）异丙酚的镇痛作用不佳，对有剧烈疼痛的手术前后应使用镇痛剂。

枸橼酸舒芬太尼

【理化性质、药理作用及适应症】

本品为白色粉末，可溶于水，微溶于酒精、丙酮或氯仿。

本品为苯基哌啶衍生的阿片样药物。为注射用的强效麻醉剂，用于辅助麻醉和硬膜外止痛。

临床上用于辅助麻醉和硬膜外止痛。

【制剂、用法与用量】

枸橼酸舒芬太尼注射剂　50毫克/毫升，1毫升、2毫升瓶装。犬术前用药3毫克/千克体重，静脉注射。

【注意事项】

（1）犬静脉注射严重过量时，可引起呼吸暂停、虚脱、肺水肿、癫痫发作、心动停止和死亡。

（2）与抑制心脏功能或降低迷走神经紧张的药物同用，可能造成心动过缓或高血压。

第二节　局部麻醉药

局部麻醉药（简称局麻药），是一类能可逆性阻断神经末梢或神经干的冲动传导，使该神经支配部位的组织暂时丧失痛觉的药物。

局部麻醉包括：表面麻醉、浸润麻醉、传导麻醉、硬膜外麻醉、封闭疗法等。

盐酸普鲁卡因（奴佛卡因）

【理化性质、药理作用及适应症】

本品为白色结晶或结晶性粉末，易溶于水，略溶于乙醇。

本品对黏膜的穿透力弱，一般不作表面麻醉用，用较高浓度（3%～5%）才能产生表面麻醉效果。可用于浸润麻醉、传导麻醉、硬膜外麻醉和封闭疗法，注入组织后，约经几分钟即可呈现局麻作用。

临床上主要用于浸润麻醉、传导麻醉、硬膜外麻醉和神经封闭。

【制剂、用法与用量】

盐酸普鲁卡因注射液　每支5毫升：0.15克，10毫升：0.3克。表面麻醉可用其3%～5%溶液，喷雾或滴于黏膜表面。浸润麻醉常用其0.25%～0.5%溶液，注射于皮下、黏膜下或深部组织中。传导麻醉和硬膜外麻醉常用其2%～5%溶液，小动物2～5毫升。

【注意事项】

（1）由于普鲁卡因在体内分解为对氨基苯甲酸，所以在用磺胺制剂治疗期间，不能应用普鲁卡因。

（2）中毒时应进行对症治疗。

盐酸利多卡因（普罗卡因）

【理化性质、药理作用及适应症】

本品为白色结晶性粉末，易溶于水或乙醇，溶于三氯甲苯，不溶于乙醚。

利多卡因穿透力强、起效迅速、强效、中等长作用时间。在2%以上浓度时，有较强的穿透性和扩散性，适于表面麻醉。本品安全范围较广，能穿透黏膜，可用于各种局麻方法，有全能麻醉药之称。本品静脉注射能抑制心室自律性，收缩不应期，用于控制室性心动过速，治疗心律失常。

临床上主要用于表面麻醉、传导麻醉、浸润麻醉和硬膜外麻醉，同时也可用于治疗心律不齐。

【制剂、用法与用量】

盐酸利多卡因注射液　10毫升：0.1克、10毫升：0.2克。浸润麻醉用0.25～0.5%溶液，表面麻醉用2%～5%溶液，传导麻醉用2%溶液，用量：犬用3～4毫升。硬膜外麻醉用量：犬用0.5%溶液，剂量不高于4毫升/千克体重。

【注意事项】

（1）本品用于硬膜外麻醉和静脉麻醉时，不可加肾上腺素。

（2）大量吸收后可引起中枢兴奋（如惊厥），甚至发生呼吸抑制，必须控制剂量。

盐酸丁卡因（地卡因）

【理化性质、药理作用及适应症】

本品为白色结晶或结晶性粉末，易溶于水，溶于乙醇，不溶于乙醚或苯。

本品为长效酯类局麻药，作用特点是对黏膜穿透力强，适用于表面麻醉，常用于眼科。

临床上主要用于眼、鼻、喉黏膜的表面麻醉。

【制剂、用法与用量】

盐酸丁卡因注射液 5毫升：5毫克、5毫升：10毫克。表面麻醉：眼科用0.5%～1%溶液，鼻、喉头喷雾或气管插管用1%～2%溶液。

【注意事项】

（1）大剂量可引起心脏传导系统抑制。

（2）药液中宜加入0.1%盐酸肾上腺素（1万：10万），以减少药物的吸收。

盐酸甲哌卡因（卡波卡因）

【理化性质、药理作用及适应症】

本品为白色结晶性粉末，易溶于水，溶于乙醇。

本品扩散力强且持久，毒性及副作用较小。本品可用于浸润麻醉、传导麻醉、硬膜外麻醉，也用

于表面麻醉。

临床上适用于腹部、四肢手术。

【制剂、用法与用量】

盐酸甲哌卡因注射液　20毫升：4毫克。犬、猫表面麻醉用1%～2%溶液，浸润麻醉用0.25%～0.5%溶液，传导麻醉用1%～1.5%溶液，硬膜外麻醉用1.5%～2%溶液。

【注意事项】

副作用有血压下降、痉挛、呼吸抑制和心跳骤停等。

盐酸布比卡因（麻卡因）

【理化性质、药理作用及适应症】

本品为白色结晶性粉末，溶于水，易溶于乙醇，微溶于氯仿。

本品为长效局部麻醉药。作用比利多卡因强2～4倍。在0.25%～0.5%浓度时对感觉产生神经阻滞，0.75%溶液可产生运动神经阻滞。

临床上用于传导麻醉和硬膜外麻醉。

【制剂、用法与用量】

盐酸布比卡因注射液（0.5%）5毫升：25毫克，10毫升：50毫克。传导麻醉用量：犬每点注射1毫升。浸润麻醉用量：0.125%～0.25%溶液。蛛网膜下腔麻醉用量：0.5%～0.75%溶液。

【注意事项】

本品偶可引起神经兴奋。

盐酸达克罗宁（达克隆）

【理化性质、药理作用及适应症】

本品为白色或几乎无色的结晶或结晶性粉末，能溶于水（1∶60），溶于乙醇。

本品局麻作用强、起效快、持续时间长，毒性比普鲁卡因低。对黏膜穿透能力强，可用于表面麻醉。有杀菌作用（特别是对金黄色葡萄球菌）。

临床上可用于治疗烧伤、擦伤、痒疹、虫咬伤、褥疮及气管镜、膀胱镜检查前的准备。

【制剂、用法与用量】

多制成0.5%溶液或1%软膏供使用。

第三节　骨骼肌松弛药

骨骼肌松弛药（简称肌松药）能作用于骨骼肌的神经肌肉接头（运动终板）上的N2胆碱受体，阻断神经冲动正常传递到肌肉，因而肌肉张力下降，表现为骨骼肌松弛，可用于捕获

猎物、保定动物及配合较浅麻醉进行手术。根据作用方式和特点，肌松药分为去极化型和非去极化型两类。

一、非去极化型肌松药

苯磺酸阿曲库铵（卡肌宁，阿曲可宁）

【理化性质、药理作用及适应症】

本品为类白色粉末，注射液为澄清或微黄色液体。

本品为化学结构上全新的中效非去极化型肌松剂。治疗量时不影响心、肝、肾功能，无蓄积性。

临床上用作犬、猫的肌松剂，可维持30～40分钟，尤其适用于气管插管。

【制剂、用法与用量】

苯磺酸阿曲库铵注射液　2.5毫升：25毫克，5毫升：50毫克。缓慢静脉注射：犬、猫初次量0.5毫克/千克体重，后续剂量0.2毫克/千克体重。

【注意事项】

（1）应避免与氨基苷类抗生素（如新霉素、多黏菌素）并用，以免增强毒性。

（2）中毒时可用新斯的明对抗。

（3）只能静注，肌注可引起肌肉组织坏死。

泮库溴铵（溴化潘克罗宁，巴夫龙）

【理化性质、药理作用及适应症】

本品为白色结晶性粉末，易溶于水（1 ∶ 1），溶于氯仿。

本品为人工合成的非去极化型肌肉松弛剂，静脉注射后3 ～ 4分钟显效，持续时间20 ～ 30分钟。连用无蓄积性，对心血管系统几乎无影响。

临床上主要作为肌松剂与麻醉药配合用与多种手术。

【制剂、用法与用量】

泮库溴铵注射液　2毫升∶4毫克。静脉注射用量：犬、猫0.044 ～ 0.11毫克/千克体重。

【注意事项】

（1）本品能引起唾液腺分泌增加，故麻醉前宜酌用阿托品。

（2）本品中毒或术后出现神经肌肉麻痹时，可用新斯的明解救。

（3）肾功能不全患畜慎用。

二、去极化型肌松药

氯化琥珀胆碱（司可林）

【理化性质、药理作用及适应症】

本品为白色或近白色的结晶性粉末，极易溶于水，微溶

于乙醇。

本品为超短时去极化型的肌松药。其作用机理为琥珀胆碱能与运动终板膜上的N2胆碱受体相结合，阻断运动末梢所释放的乙酰胆碱与N2胆碱受体结合，琥珀胆碱与受体结合后，能产生与乙酰胆碱相似但持久的去极化作用。本品作用快、消失快、持续时间短。

在临床上本品可用作麻醉辅助药，但目前主要用作肌松性保定药（鹿）。

【制剂、用法与用量】

氯化琥珀胆碱注射液　1毫升：50毫克。2毫升：100毫克。静脉注射用量：犬、猫0.06～0.11毫克/千克体重。肌内注射用量：同静脉注射量。

【注意事项】

（1）在用药过程中如发现呼吸抑制或停止时，应注射尼可刹米，输氧，同时进行人工呼吸。心脏衰弱时立即注射肾上腺素。

（2）新斯的明、毒扁豆碱等对本品无对抗作用，反能增强毒性，故忌用。

（3）妊娠动物应慎用或禁用。

第四节　中枢神经兴奋药

中枢神经兴奋药时能提高中枢神经系统功能活动的药物。按其主要作用部位的不同，可分为3类。一是大脑兴奋药：能够提高大脑皮层的兴奋性，促进脑细胞代谢，改善大脑机能，如咖啡因类。二是延髓兴奋药：主要是能直接或间接作用于延髓的呼吸中枢、血管运动中枢，如樟脑制剂、尼可刹米、戊四氮、山梗菜碱。三是脊髓兴奋药：能选择性阻止抑制性神经递质对神经元的作用，兴奋脊髓，如士的宁等。

一、大脑兴奋药

咖啡因

咖啡因为咖啡豆和茶叶中提取的生物碱，现已人工合成。

【理化性质、药理作用及适应症】

本品为白色或带极微黄绿色、有光泽的针状结晶，在乙醚中极微溶解，易溶于水。

本品对中枢神经系统产生广泛的兴奋作用，大脑皮层尤为敏感。其作用特点是加强大脑皮层的兴奋过程，而不减少抑制过程。本品对心血管系统具有中枢性和外周性的双重作用，两方面的作用相反，一般是外周作用占优。

临床上主要用于加快麻醉后的苏醒过程；解救中枢抑制药和毒物的中毒，也用于多种疾病引起的呼吸和循环衰竭。

【制剂、用法与用量】

苯甲酸钠咖啡因（安钠咖）注射液　每支5毫升。肌内注射用量：犬0.1 ～ 0.3克/次。一般每日给药1 ～ 2次。

【注意事项】

咖啡因剂量过大或给药过频时，可引起呼吸加快、心跳疾速、体温升高、流涎、腹痛、尿频、惊厥等中毒征象，可用巴比妥类等药物进行急救。

氨茶碱

【理化性质、药理作用及适应症】

本品为白色或淡黄色颗粒或粉末，易溶于水，在乙醇中微溶。

本品可直接松弛支气管、胆管、血管平滑肌，用于支气管喘息、胆管绞痛、心绞痛；有较弱的强心利尿作用。

临床上主要用于缓解支气管哮喘、心功能不全或肺水肿的患畜。

【制剂、用法与用量】

氨茶碱注射液　2毫升：0.25克，2毫升：0.5克。静脉或肌内注射用量：犬

0.05 ～ 0.1克/次，每日1次。

氨茶碱片　每片0.05克、0.1克、0.2克。内服量：犬、猫每次10 ～ 15毫克/千克体重，每日2 ～ 3次。

【注意事项】

（1）静脉注射太快或浓度过高，可引起心律失常、惊厥，故应缓慢注射。

（2）肝功能低下、心力衰竭患畜慎用。

二、延髓兴奋药

尼可刹米（可拉明）

【理化性质、药理作用及适应症】

本品为无色或淡黄色的澄清油状液体，能与水、乙醇任意混合。

本品能直接兴奋延髓呼吸中枢，增加每分钟通气量。也可通过刺激颈动脉窦和主动脉体化学感受器，反射性地兴奋呼吸中枢。对大脑皮质、延髓血管运动中枢及脊髓也有较弱的兴奋作用。以静脉注射效果好。

临床上主要用于解救药物中毒或疾病所致的中枢性呼吸抑制或加快麻醉动物的苏醒。

【制剂、用法与用量】

尼可刹米注射液　1.5毫升：0.375克，2毫升：0.5克。皮下、肌内或静脉注射用量：犬0.125～0.5克，猫7.8～31.2毫克/千克体重。

【注意事项】

（1）剂量过大可引起血压升高、出汗、心律失常、震颤及肌肉强直，过量亦可引起惊厥，此时可用短效巴比妥类药（如硫喷妥钠）或苯二氮卓类药物控制。

（2）兴奋作用之后，常出现中枢神经抑制现象。

樟脑磺酸钠

【理化性质、药理作用及适应症】

本品为白色结晶性粉末，易溶于水和热乙醇。

本品的局部刺激作用可反射性地兴奋呼吸中枢和血管运动中枢，吸收后能直接兴奋延髓呼吸中枢，大剂量也能兴奋大脑皮层。有一定的强心作用。

临床上主要用于中枢抑制药中毒和呼吸抑制。

【制剂、用法与用量】

樟脑磺酸钠注射液　10毫升：1克。皮下、肌内、静脉注射用量：犬0.05～0.1克/次，每日1次。

【注意事项】

（1）本品不能与钙剂注射液混合使用。

（2）过量中毒时，可静脉注射硫酸镁和10%葡萄糖注射液。

氧化樟脑（维他康复）

【理化性质、药理作用及适应症】

本品为无色、无臭结晶，易溶于水。

本品对中枢兴奋作用与强心作用同樟脑磺酸钠，但效果更好，尤其在动物机体缺氧时使用更为适宜。

【制剂、用法与用量】

注射液（强尔心注射液） 10毫升：0.05克。肌内注射用量：犬0.025～0.05克/次，每日1次。

多沙普仑（度普兰，吗乙苯吡酮）

【理化性质、药理作用及适应症】

多用其盐酸盐，为白色或无色结晶，溶于水。

本品为人工合成的新型呼吸兴奋剂。用途和不良反应均与尼可刹米相似，而作用比尼可刹米强。

临床上主要用于犬、猫麻醉中或麻醉后的加快苏醒，恢复反射，以及麻醉药引起呼吸中枢抑制后的兴奋。

【制剂、用法与用量】

盐酸多沙普仑注射液　1毫升：20毫克。静脉注射或滴注（麻醉后兴奋呼吸）用量：犬1～5毫克/千克体重，猫5～10毫克/千克体重，于吸入麻醉后用。

【注意事项】

（1）剂量过大时，可引起动物反射亢进、心动过速或惊厥。

（2）忌与碱性溶液（如硫喷妥钠等）合用。

回苏灵（盐酸二甲弗林）

【理化性质、药理作用及适应症】

常用其盐酸盐，为白色结晶性粉末，能溶于水和乙醇，在乙醚中几乎不溶。

本品可以直接兴奋呼吸中枢，具有苏醒作用。

可用于中枢抑制药中毒和严重疾病引起的中枢性呼吸抑制。

【制剂、用法与用量】

回苏灵注射液　2毫升：8毫克。肌内或静脉注射用量：犬、猫1～4毫克。

【注意事项】

（1）过量易引起动物惊厥，此时应停药。

（2）严重时可用安定或短效巴比妥类药物解救。

三、脊髓兴奋药

盐酸士的宁（硝酸番木鳖碱）

【理化性质、药理作用及适应症】

本品为无色结晶或白色结晶性粉末，在水中略溶，在乙醇或三氯甲烷中微溶。

本品对脊髓有高度选择性兴奋作用，使脊髓反射兴奋性提高，骨骼肌紧张度增加。对延髓呼吸中枢与血管运动中枢也有兴奋作用，并能提高大脑皮质感觉区的敏感性，使视、听、嗅、触觉机能变得敏锐。

临床上主要用于脊髓性不全麻痹、括约肌不全麻痹和肌肉无力，如后躯麻痹、膀胱麻痹、阴茎下垂等。

【制剂、用法与用量】

硝酸士的宁注射液　每支1毫升：2毫克。皮下注射用量：犬0.5～0.8毫克/次，猫0.1～0.3毫克/次，每3天1次。

【注意事项】

（1）本品过量或反复应用易中毒，引起动物惊厥，小动物宜静脉注射中、短效巴比妥类药物。

（2）吗啡中毒及肝肾功能不全、癫痫时禁用。

（3）本品具有蓄积性，应用时应注意。

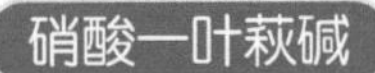

硝酸一叶萩碱

【理化性质、药理作用及适应症】

本品为白色或微带粉红色粉末，易溶于水，略溶于乙醇。

本品兴奋脊髓作用与士的宁相似，有轻度抑制胆碱酯酶的作用。

临床上可用于治疗神经性肌肉麻痹、面神经麻痹及外伤性截瘫。

【制剂、用法与用量】

硝酸一叶萩碱注射液　每支1毫升：4毫克。肌内或穴位注射，犬、猫用量：每次0.2～0.3毫克/千克体重。

【注意事项】

过量使用中毒后可引起惊厥，此时可静脉注射巴比妥类药物解救。

第五节　镇静药、安定药与抗惊厥药

镇静药是对中枢神经系统产生轻度抑制、能使兴奋不安的患畜安静下来，而感觉、意识和运动功能不受影响的药物。

较大剂量的镇静药可以促进睡眠，也统称镇静催眠药。多数镇静催眠药剂量增大时，还可呈现抗惊厥和麻醉作用。巴比妥类、水合氯醛是此类药物的代表。

安定药可改变动物气质，使凶猛的动物驯服而易于接近。与一般镇静催眠药的区别在于它镇静而不影响注意力；剂量加大也可催眠，但易被唤醒；大剂量也不引起麻醉。氯丙嗪是此类药物的代表。

抗惊厥药是能对抗与制止由于中枢神经系统过度兴奋引起全身骨骼肌不自主的强烈收缩（惊厥）的药物。除了巴比妥类（见镇静药）、水合氯醛（见麻醉药）、安定（见安定药）常用作抗惊厥药外，硫酸镁、苯妥英钠、扑痫酮等也具有抗惊厥作用。

一、镇静、安定药

（一）巴比妥类

巴比妥（巴比特鲁，佛罗拿）

【理化性质、药理作用及适应症】

本品为白色有光泽的结晶性粉末，微溶于水，易溶于乙醇和乙醚。

本品属长效巴比妥类药物，具有抑制中枢神经系统的作用，随着剂量的增加可产生镇静、催眠、抗惊厥和麻醉等效果；还有抗癫痫的作用。

临床上用于治疗癫痫、减轻脑炎的兴奋症状和解救中枢兴奋药（如士的宁）中毒。

【制剂、用法与用量】

巴比妥片剂　每片15毫克、30毫克、100毫克。内服用于治疗癫痫，犬、猫每次6～12毫克/千克体重，每日1次。

注射用苯巴比妥钠　每瓶0.1克、0.5克。肌内注射，用于镇痛、抗惊厥：犬、猫每次6～12毫克/千克体重，每日1次。用于治疗癫痫，犬、猫每次6毫克/千克体重，隔6～12小时1次。

【注意事项】

（1）用量过大抑制呼吸中枢时，可用安钠咖、尼可刹米等中枢兴奋药解救。

（2）肾功能障碍的患畜慎用。

苯巴比妥（鲁米那）

【理化性质、药理作用及适应症】

本品为白色结晶或结晶性粉末。不溶于水，难溶于热水，其钠盐能溶于水，可溶于乙醇。

本品能够抑制中枢神经系统，可起到镇静、催眠、抗惊厥、抗癫痫作用。

临床多用于缓解脑炎、高热等引起的中枢兴奋症状及惊厥，解救中枢兴奋药的中毒。

【制剂、用法与用量】

苯巴比妥片　每片0.01克、0.03克、0.1克。内服量：犬、猫每次6～12毫克/千克体重，每日2次。

注射用苯巴比妥钠　每支0.1克、0.5克。肌内注射量：犬、猫6～12毫克/千克体重，使用1次。

【注意事项】

（1）过量抑制呼吸中枢时，可用安钠咖、戊四氮、尼可刹米、印防己毒素等中枢兴奋药解救。

（2）肝、肾功能障碍患畜慎用。

戊巴比妥钠

【理化性质、药理作用及适应症】

本品为白色结晶性颗粒或粉末，易溶于水和乙醚。

本品作用与苯巴比妥相似，产生作用较快，持续时间较短。

临床上可用于镇静催眠和基础麻醉。

【制剂、用法与用量】

片剂　每片0.05克、0.1克。内服用于镇静，犬每次15～25毫克/千克体重，每日1次。

粉针剂　每支0.1克、0.5克。静脉注射用于镇静：犬、猫2～4毫克/千克体

重，使用1次。肌内注射，用于镇静、基础麻醉：犬、猫30毫克/千克体重，使用1次。

【注意事项】

同苯巴比妥。

司可巴比妥钠（速可眠）

【理化性质、药理作用及适应症】

本品为白色粉末，无臭，味苦，有吸湿性，易溶于水，可溶于乙醇。

本品可作镇静催眠药与基础麻醉药，还可用作脑电图记录前的镇静剂，这是由于它比其他巴比妥类药物较少有神经生理效应之故。

【制剂、用法与用量】

胶囊剂　每粒0.1克。内服，用于镇静、基础麻醉，犬、猫0.03～0.2克，使用1次。

【注意事项】

（1）肝、肾功能严重减退的患畜慎用。

（2）中毒时解救法同苯巴比妥。

（二）吩噻嗪类

盐酸氯丙嗪

【理化性质、药理作用及适应症】

本品为白色或乳白色结晶性粉末，易溶于水、乙醇或三氯甲烷。

本品为吩噻嗪类安定药的典型代表，对中枢神经、自主神经与内分泌系统有多方面的作用。它有强大的中枢安定作用，可使狂躁、倔强的动物变得安静、驯服。还能抑制皮层下中枢，表现为基础代谢降低，引起人工冬眠状态。大剂量能直接抑制呕吐中枢，有止吐作用。能加强麻醉药、镇痛药、镇静催眠药及抗惊厥药的作用。

临床上主要用于治疗脑炎、中枢兴奋药中毒引起的狂躁和惊厥；可作为基础麻醉药使用，还可用于人工冬眠、止吐、止痛。

【制剂、用法与用量】

盐酸氯丙嗪片　每片12.5毫克、25毫克、50毫克。内服量：犬猫每次3毫克/千克体重，每日1次。

盐酸氯丙嗪注射液　每支2毫升：50毫克，10毫升：250毫克。肌内注射用量：犬、猫每次1～3毫克/千克体重，每日1次。

【注意事项】

（1）有黄疸、肝炎及肝病的患畜慎用，年老体弱动物慎用。

（2）用药后能改变动物的大多数生理参数（如呼吸、心率、体温等），临床检查时需注意。

盐酸丙嗪

【理化性质、药理作用及适应症】

本品为白色结晶，易溶于水，溶于乙醇。

本品属吩噻嗪类安定药，作用与用途类似氯丙嗪。安定作用不及氯丙嗪，而降压作用明显。

临床上用于犬、猫的镇静、止吐和麻醉前给药（可减少30%～50%的麻醉药用量），

【制剂、用法与用量】

肌内或静脉注射用量：犬、猫每次2～6毫克/千克体重，每日1次。

【注意事项】

同盐酸氯丙嗪。

马来酸乙酰丙嗪

【理化性质、药理作用及适应症】

本品为黄色结晶粉末，无臭，味苦，溶于水，略溶于乙醇。

本品属吩噻嗪类安定药。作用与氯丙嗪相似，具有镇静、降温、降压、止吐等作用。

临床上主要用作麻醉前给药、镇静及止痛。

【制剂、用法与用量】

马来酸乙酰丙嗪片　每片10毫克。内服量：犬每次0.5～2毫克/千克体重，猫每次1～2毫克/千克体重，每日1次。

马来酸乙酰丙嗪注射液　每支2毫升∶20毫克。肌内注射用量：犬每次0.05～0.1毫克/千克体重，每日1次。

【注意事项】

同盐酸氯丙嗪。

（三）苯二氮卓类

地西泮（安定，苯甲二氮卓）

【理化性质、药理作用及适应症】

本品为白色至类白色结晶性粉末，微溶于水，溶于乙醇。

本品为长效苯二氮卓类药物。具有安定、镇静、催眠、中枢性肌松弛、抗惊厥、抗癫痫等作用，并能增强麻醉药的作用。

可治疗犬的癫痫，静脉注射5～10毫克，药效可维持3个小时。

【制剂、用法与用量】

地西泮片　每片2.5毫克、5毫克。内服量：犬每次5～10毫克/千克体重，猫每次2～5毫克/千克体重，每日1次，连用3～5天。

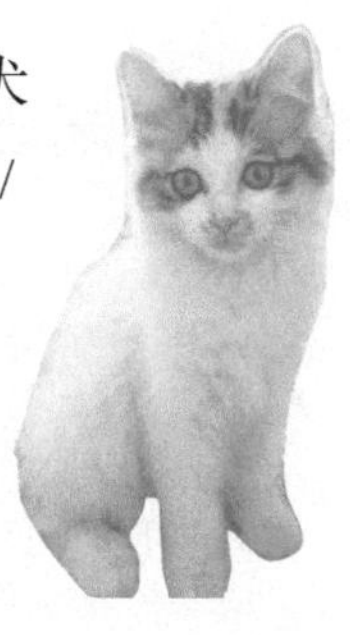

地西泮注射液　每支2毫升∶10毫克。肌内注射用量：犬、猫每次0.06～0.12毫克/千克体重，每日1次，连用3～5天。

【注意事项】

（1）肝、肾功能障碍患畜慎用，孕畜忌用。

（2）与镇痛药（杜冷丁）合用时，应将后者剂量减少1/3。

（3）静脉注射宜缓慢，以防造成心血管和呼吸抑制。

咪唑安定（咪达唑仑，咪唑二氮卓）

【理化性质、药理作用及适应症】

本品为白色结晶，溶于水。

本品为新的短半衰期苯二氮卓类药物，与安定作用基本相同。其特点是起效迅速，体内停留时间短，作用消除也快。临床上可用作术前给药及治疗癫痫。

【制剂、用法与用量】

咪唑安定注射液　每支2毫升：10毫克，5毫升：25毫克。静脉注射用量：犬、猫每次0.066～0.22毫克/千克体重，每日1次，连用3～5天。

【注意事项】

（1）对本品过敏的动物禁用。肝或肾疾病、虚弱或衰老的动物慎用。

（2）该药在患有充血性心衰动物体内清除缓慢。

（3）昏迷、休克或明显呼吸抑制的动物慎用。

氯硝安定（氯硝西泮）

【理化性质、药理作用及适应症】

本品为黄色或淡黄色结晶性粉末，微溶于水，微溶于乙醇。

本品作用类似安定且作用迅速，疗效稳定。

临床上对各型癫痫均有效，尤其多用于犬、猫的癫痫持续状态。

【制剂、用法与用量】

氯硝安定注射液　每支1毫升：1毫克。静脉注射用量：犬0.05～0.2毫克/千克体重。用前稀释。

氯硝安定片剂　每片0.5毫克、2毫克。内服量：犬每次0.1～0.5毫克/千克体重，每日3次。

【注意事项】

（1）孕畜禁用。

（2）可产生呼吸抑制、呼吸道分泌物增多，有呼吸系统疾病患畜慎用。

（3）肝、肾疾病，重症肌无力，低蛋白血症患畜慎用。

阿普唑仑

【理化性质、药理作用及适应症】

本品为白色至白色结晶性粉末，不溶于水，能溶于乙醇。

阿普唑仑可以抑制中枢神经系统皮层下中枢的活动，从

而产生抗焦虑、镇静、松弛骨骼肌和抗惊厥的作用。

临床上本品主要用于焦虑、攻击性犬的辅助治疗，也可用于治疗猫的焦虑。

【制剂、用法与用量】

阿普唑仑片　每片0.25毫克、0.5毫克、1毫克、2毫克。

阿普唑仑口服液　0.1毫克/毫升（阿普唑仑含量）。内服量：犬每次0.01～0.1毫克/千克体重，猫每次0.125～0.25毫克/千克体重，每日1次，连用3～5天。

【注意事项】

（1）对本药物过敏的动物禁用。

（2）肝肾疾病或衰老动物慎用。

二、抗惊厥药与抗癫痫药

硫酸镁

【理化性质、药理作用及适应症】

本品为无色结晶，易溶于水，微溶于乙醇。

本品肌内或静脉注射：能松弛骨骼肌，抑制中枢神经系统，呈现抗惊厥效应。

临床主要用于缓解脑炎、士的宁中毒等引起的肌肉强直，治疗膈肌痉挛。

【制剂、用法与用量】

硫酸镁注射液　10毫升∶1克。静脉注射时稀释成1%浓度静脉使用。静脉、肌内注射量：犬、猫0.5～2克/次，每日1次。

【注意事项】

（1）静脉注射宜缓慢，也可用5%葡萄糖注射液稀释成1%浓度静脉滴注。

（2）过量或静脉注射过快，可致血压剧降、呼吸中枢麻痹，此时可立即静脉注射5%氯化钙注射液解救。

（3）患有肾功能不全、严重心血管疾病、呼吸系统疾病的患畜慎用或不用。

苯妥英钠（大仑丁）

【理化性质、药理作用及适应症】

本品为白色粉末，易溶于水，可溶于乙醇。

本品对大脑皮质运动区有高度选择性抑制作用，对癫痫大发作疗效好。

临床上主要用于防治癫痫大发作。其作用缓慢，需连服数日才出现疗效。预防癫痫发作及维持疗效较好，静脉注射还可控制癫痫持续状态。还有抗心律失常的作用。

【制剂、用法与用量】

苯妥英钠片　每片50毫克、100毫克。内服量：犬0.1～

0.2克/次，1日2～3次。

【注意事项】

（1）本品副作用较小，长期服用可因蓄积中毒导致厌食、共济失调、眼球震颤、白细胞减少及视力障碍等。

（2）久服骤然停药，可引起癫痫发作加剧，故应逐渐减量后停药。

扑痫酮（去氧苯巴比妥，扑米酮）

【理化性质、药理作用及适应症】

本品为白色或淡黄色结晶性粉末或鳞片状结晶，几乎不溶于水，略溶于乙醇。

本品控制癫痫大发作效果好，适用于不能用苯巴比妥与苯妥英钠控制的大发作。

临床上可用于犬的抗惊厥作用。

【制剂、用法与用量】

扑米酮片　每片0.25克。内服量：犬每次55毫克/千克体重，每日1次。

【注意事项】

（1）可引起血小板减少、巨细胞性贫血等。

（2）肝、肾功能不全患犬慎用。

乙琥胺

【理化性质、药理作用及适应症】

本品为白色或微黄色蜡状固体，极易溶于乙醇，易溶于水。

临床上主要用于治疗癫痫小发作；治疗大、小发作混合型癫痫时应合用苯巴比妥或苯妥英钠。

【制剂、用法与用量】

乙琥胺胶囊剂　每粒0.25克。内服量：犬初次量40毫克/千克体重，以后每次15～25毫克/千克体重，1日3次。

【注意事项】

（1）孕犬禁用；肝、肾功能不全患犬慎用。

（2）突然停药可引起痉挛或癫痫持续状态，应予注意。

丙戊酸钠（α-丙基戊酸钠）

【理化性质、药理作用及适应症】

本品为白色结晶性粉末或颗粒，极易溶于水，易溶于乙醇。

本品为不含氯的抗癫痫药与抗惊厥药，对各型癫痫均有效。抗癫痫时与苯巴比妥配伍用时，效果更好。

【制剂、用法与用量】

丙戊酸钠片剂　每片0.1克、0.2克。

丙戊酸钠糖浆　100毫升：5克。内服：

犬每次60毫克/千克体重，1日3次。当与苯巴比妥并用时，二药剂量各减少1/3～1/2。

【注意事项】

本品可引起肝损害；突然停药有可能促使癫痫发作或成为癫痫持续状态，应予注意。

第六节　镇痛药

镇痛药是主要作用于中枢神经系统选择性地抑制痛觉的药物。在镇痛时，动物意识清醒，其他感觉不受影响。

吗啡及其代用品，为阿片受体激动剂，镇痛作用强，反复应用易成瘾，故又称为瘾性（麻醉性）镇痛药。

另一类镇痛药是中枢α_2-肾上腺素受体激动剂，有二甲苯胺噻嗪和二甲苯胺噻唑，有镇痛、镇静和中枢性肌肉松弛作用。

盐酸哌替啶（杜冷丁）

【理化性质、药理作用及适应症】

本品为白色结晶性粉末，易溶于水和乙醇，在三氯甲烷中溶解。

本品的作用与吗啡相似，具有镇痛、镇静、解痉、呼吸抑制等作用。

临床上用作各种创伤疼痛、术后疼痛和痉挛性疝痛的镇痛药。也可用作麻醉前给药，能减少麻醉药的用量。

【制剂、用法与用量】

盐酸哌替啶注射液　每支1毫升：25毫克，1毫升：50毫克。肌内注射用于镇痛：犬、猫每次5～10毫克/千克体重，每日1次，连用2～3天。肌内注射用于麻醉前给药：犬2.5～6.5毫克/千克体重，猫5～10毫克/千克体重，使用1次。

【注意事项】

（1）本品久用可成瘾。不宜用于妊娠动物、产科手术。

（2）禁用于患有慢性阻塞性肺部疾病、支气管哮喘、肺源性心脏病和严重肝功能减退的患畜。

芬太尼

【理化性质、药理作用及适应症】

本品为白色结晶性粉末，易溶于水，稍溶于乙醇。

本品镇痛效力为吗啡的100倍，作用快，持续时间短。

主要用于犬的小手术、牙科和眼科手术或需时短暂的手术，也可作为攻击性犬的化学保定药。猫可用作安定、镇痛药。还可与麻醉药合用。

【制剂、用法与用量】

枸橼酸芬太尼注射液　每支1毫升：0.1毫克。肌内或静脉注射用量：

犬、猫每次0.02～0.04毫克/千克体重，每日1次。基础麻醉应用1次；作镇痛药使用，可每日1次，连用2～3天。

【注意事项】

（1）孕畜、心律失常患畜慎用。

（2）有呼吸抑制、重症肌无力或服用单胺氧化酶抑制剂的患畜禁用。

镇痛新（喷他佐辛，戊唑星）

【理化性质、药理作用及适应症】

本品为白色或类白色结晶性粉末，不溶于水，可溶于乙醇。

本品镇痛效力为吗啡的1/3，其对呼吸系统的抑制作用为吗啡的1/2。

临床上一般用于手术后恢复、骨折、脊髓障碍和外伤的镇痛。

【制剂、用法与用量】

注射液（乳酸镇痛新） 每支1毫升：15毫克。肌内注射用量：犬每次0.5～1毫克/千克体重，每日1次，连用2～3天。

【注意事项】

大剂量可引起呼吸抑制、血压上升及心率加速。

盐酸埃托啡（盐酸乙烯啡）

【理化性质、药理作用及适应症】

本品为白色结晶粉末，溶于水。

本品为高效强力镇痛剂，镇痛强度为吗啡的500～800倍。可用于野生动物与犬、猫的化学保定。

【制剂、用法与用量】

注射用盐酸埃托啡　每支10毫克、20毫克。肌内注射用量：犬、猫0.45～1.5微克/千克体重，使用1次。

制动龙（保定灵）　每毫升含盐酸埃托啡2.25毫克和马来酸乙酰丙嗪10毫克。肌内或静脉注射用量：犬、猫0.1～0.2毫升/20千克体重，注射1次，需要时可追加。

盐酸阿芬太尼

【理化性质、药理作用及适应症】

本品为白色至类白色粉末，易溶于水、乙醇、三氯甲烷或甲醇。

本品为一种与芬太尼同类的苯基哌啶阿片样麻醉镇痛药，具有镇静、镇痛和麻醉作用。

临床上可用于镇痛、镇静、麻醉，主要用于猫的基础麻醉，以减少其他麻醉药物的用量。

【注意事项】

（1）对该药或阿片类药物有过敏反应的动物禁用。

（2）哺乳动物慎用。

新保灵

【理化性质、药理作用及适应症】

本品为白色或类白色结晶性粉末，易溶于稀盐酸，微溶于热水。

临床上主要用于动物的镇痛性保定，也可作为外科手术时的麻醉辅助用药。

【制剂、用法与用量】

保定1号（新保灵和盐酸氯丙嗪）、保定2号（新保灵和麻保静）注射液　肌内注射（保定），用量（按新保灵含量计算）：犬科动物：每次0.01～0.02毫克/千克体重，注射1次，需要时可追加。

【注意事项】

有心肺疾患、体质差的病畜禁用。

盐酸丁丙诺啡（布诺啡）

【理化性质、药理作用及适应症】

本品为白色粉末或结晶性粉末，溶于水。

本品为部分阿片受体的激动剂，镇痛作用强于哌替啶，其镇静作用较吗啡轻。有一定程度的成瘾性。

临床上主要用于减轻术后严重疼痛和镇静。

【制剂、用法与用量】

盐酸丁丙诺啡注射液　每支1毫升：0.3毫克。肌内或皮下注射用量：犬0.01～0.02毫克/千克体重，12小时后可重复；猫0.005～0.01毫克/千克体重，使用1次。

【注意事项】

肝损伤动物与怀孕动物禁用。

盐酸双氢埃托啡（盐酸二氢埃托啡）

【理化性质、药理作用及适应症】

本品为白色结晶性粉末，微溶于水和乙醇。

本品为新型高效麻醉性强力镇痛药，其镇痛效果明显，尚有镇静及保定作用。

兽医临床用其复方制剂用作镇痛性化学保定剂。

【制剂、用法与用量】

盐酸双氢埃托啡注射液　每支1毫升：0.02毫克。肌内注射：犬每次0.1～0.15毫升/千克体重，猫每次0.2～0.3毫升/千克体重，每日1次。

速眠新注射液（846合剂）　每支1.5毫升、3毫升、5毫升。由双氢埃托啡、二甲苯胺噻唑、氯哌啶醇等药物组成。肌内注射用量：犬0.1～0.15毫升/千克体重，猫0.2～0.3毫升/千克体重。应用1次，需要时可适当增减。

【注意事项】

肝、肾功能不全患者慎用或减量。

第七节　拟胆碱药

拟胆碱药是一类作用与胆碱能神经递质——乙酰胆碱相似的药物。包括：① 完全拟胆碱药，能直接激动M和N受体，如氨甲酰胆碱；② M型拟胆碱药，能直接激动M胆碱受体，如毛果芸香碱、氨甲酰甲胆碱等；③ 抗胆碱酯酶药，通过抑制胆碱酯酶，提高体内乙酰胆碱的浓度，间接激动M和N胆碱受体，如新斯的明、毒扁豆碱。本类药物中毒时，可用抗胆碱药阿托品解救。

氨甲酰甲胆碱

【理化性质、药理作用及适应症】

本品为白色结晶性粉末，溶于水和乙醇。

本品仅激动M胆碱受体，具有兴奋胃肠道及膀胱平滑肌作用。

临床上可用于胃肠迟缓、大肠便秘，也可用于排出死胎和子宫蓄脓。

【制剂、用法与用量】

氨甲酰甲胆碱注射液　每支1毫升：0.25毫克，

5毫升：1.25毫克。皮下注射用量：犬0.025～0.1毫克/次，每日1次，连用2～3天。

【注意事项】

毒性较氨甲酰胆碱小，过量中毒时可用阿托品完全对抗，临床应用较安全。

氯化氨甲酰甲胆碱（氯化碳酰胆碱）

【理化性质、药理作用及适应症】

本品为白色结晶，易溶于水，略溶于乙醇。

本品能直接兴奋M和N胆碱受体。对心血管系统作用较弱，对胃肠、膀胱、子宫等的平滑肌有较强的兴奋作用，并可使唾液、胃液、肠液分泌增强。

临床上主要用于治疗胃肠迟缓、肠便秘、膀胱积尿、子宫蓄脓等。

【制剂、用法与用量】

氯化氨甲酰甲胆碱注射液　每支1毫升：0.25毫克，5毫升：1.25毫克。皮下注射用量：犬0.025～0.1毫克/次，每日1次，连用2～3天。

【注意事项】

年老、瘦弱、妊娠、患有心肺疾病的动物及肠管完全阻塞的肠便秘患畜禁用本品。

毛果芸香碱（匹罗卡品）

【理化性质、药理作用及适应症】

本品为无色结晶或白色有光泽的结晶性粉末，易溶于水，微溶于乙醇，在氯仿和乙醚中不溶。

本品能直接兴奋M胆碱受体，对多种腺体、胃肠平滑肌有强烈的选择性兴奋作用，而对心血管系统及其他器官的影响相对较小；大剂量时也能出现N样作用，促进唾液腺、泪腺、支气管腺、胃腺、肠腺及胰腺的分泌。

本品适用于治疗不全阻塞的肠便秘、0.5%～2%溶液可用作缩瞳剂治疗虹膜炎或青光眼。

【制剂、用法与用量】

硝酸毛果芸香碱注射液　每支1毫升：30毫克，5毫升：150毫克。皮下注射用量：犬3～20毫克/次。每日1次，需要时可连用2～3次。

硝酸毛果芸香碱滴眼剂　含量0.5%～2%。每日1～2次。

【注意事项】

（1）年老、瘦弱、妊娠、心肺疾病等动物禁用。完全阻塞的肠便秘病马禁用。

（2）本品过量易中毒，中毒时可用阿托品解救。

新斯的明

【理化性质、药理作用及适应症】

本品为白色结晶性粉末，极易溶于水，在乙醇中易溶。

本品为抗胆碱酯酶药，可产生完全拟胆碱效应。兴奋腺体、虹膜和支气管平滑肌以及抑制心血管作用较弱，兴奋胃肠道、膀胱和子宫平滑肌作用较强；兴奋骨骼肌作用最强。

临床上主要用于便秘、尿潴留以及阿托品因过量而中毒的解救药。

【制剂、用法与用量】

甲硫酸新斯的明注射液　每支1毫升：0.5毫克，2毫升：1毫克，10毫升：10毫克。皮下、肌内注射用量：犬0.25～1毫克/次。每日1次，需要时可连用2～3次。

【注意事项】

（1）本品过量中毒时，可用阿托品解救。

（2）禁用于肠变位动物、孕畜等。

第八节　抗胆碱药

抗胆碱药能与胆碱受体结合，使拟胆碱作用不产生或减少产生，却能妨碍胆碱能神经递质或拟胆碱药与受体的结合，从而产生抗胆碱作用。按其对M胆碱受体或N胆碱受体选择性的不同，可分为M胆碱受体阻断药和N胆碱受体阻断药。

硫酸阿托品

【理化性质、药理作用及适应症】

本品为白色结晶性粉末，易溶于水与乙醇。

本品主要作用为松弛内脏平滑肌（但对子宫平滑肌无效），松弛虹膜括约肌从而扩大瞳孔、升高眼内压，抑制唾液腺、支气管、胃腺、肠腺等的分泌，解除迷走神经对心脏的抑制作用。大剂量阿托品能扩张外周及内脏血管，改善微循环，并有明显的中枢兴奋作用，兴奋呼吸中枢及大脑皮质运动区和感觉区。

临床主要作用如下。① 解痉：治疗支气管痉挛和肠痉挛；② 解毒：能有效地解除有机磷制剂中毒、毛果芸香碱中毒等，迅速缓解M样中毒症状。③ 麻醉前给药：可防止吸入性麻醉剂引起的支气管腺分泌过多。④ 扩大瞳孔：点眼治疗虹膜炎、周期性眼炎，防止虹膜与晶状体粘连，或作眼底检查时扩瞳。⑤ 抢救感染、中毒性休克：用于休克血管痉挛期，改善微循环。

【制剂、用法与用量】

硫酸阿托品注射液　每支1毫升：5毫克。皮下注射用量：麻醉前给药，犬、猫0.02～0.05毫克/千克体重，应用一次。解除有机磷中毒，犬、猫每次0.1～0.15毫克/体重，每日2～3次，直至中毒症状消失。

硫酸阿托品片剂　每片0.3毫克。内服量：犬、猫每次0.02～0.04毫克/千克体重。每日1次，可连用3～5天。

滴眼剂　0.5%～1%溶液。每10～30分钟滴眼1次，直至瞳孔散大。

【注意事项】

本品用于治疗消化道疾病时，会使胃肠蠕动减弱、消化液分泌停止、括约肌均收缩，故易发生肠臌胀、便秘等，尤其是当胃肠过度充盈时，可能造成胃肠过度扩张甚至破裂。

山莨菪碱

【理化性质、药理作用及适应症】

本品为白色结晶性粉末，味苦，能溶于水及乙醇。

山莨菪碱有明显的外周抗胆碱作用，能解除平滑肌痉挛和对抗乙酰胆碱抑制心血管的作用；也能解除血管痉挛，改善微循环。

临床应用治疗效果好和副作用小，适用于感染所致的中毒性休克、有机磷中毒、内脏平滑肌痉挛等。

【制剂、用法与用量】

山莨菪碱注射液　每支1毫升：10毫克、20毫克。皮下注射用量：麻醉前给药，犬、猫0.2～0.5毫克/千克体重，应用1次；解除有机磷中毒，犬、猫每次1～2毫克/体重，每日2～3次，直至中毒症状消失。

654-2为人工合成的山莨菪碱，药用其盐酸盐。注射液规格、用法及用量同山

莨菪碱。

【注意事项】

参考硫酸阿托品。

第九节 拟肾上腺素药

拟肾上腺素药是一类化学结构与肾上腺素相似的胺类药物，其作用与交感神经兴奋的效应相似，故又称拟交感胺。交感神经节后纤维属肾上腺素能神经，其递质是去甲肾上腺素和少量肾上腺素，当递质与效应器细胞膜上的肾上腺素受体结合时，可产生心脏兴奋、血管收缩、支气管和胃肠道平滑肌松弛、瞳孔散大等效应。肾上腺素受体可分为α受体和β受体。α受体兴奋时产生α型作用，主要表现为皮肤、黏膜血管收缩，腹腔内脏血管也收缩，瞳孔扩大。β受体兴奋时产生β型作用，主要表现为心脏兴奋、冠状血管和骨骼肌血管扩张、肝糖原和脂肪分解增加等。

肾上腺素（副肾素）

【理化性质、药理作用及适应症】

本品为白色或淡棕色轻质的结晶性粉末，难溶于水和乙醇。

本品对α受体和β受体有激活作用。能使心肌收缩力加强、心率加快、心血输出量增多；使皮肤、黏膜和内脏血管收缩，但冠状动脉和骨骼肌血管则扩张；常用剂量下，收缩压上升而舒张压并不升高；对支气管平滑肌有松弛作用，能抑制胃肠平滑肌收缩，扩大瞳孔。

其用途主要有：① 抢救心脏骤停。当麻醉和手术中因意外、药物中毒、窒息或心脏传导阻滞等引起心脏骤停时，可作为急救药。② 抢救过敏性休克。本品具有兴奋心肌、升高血压、松弛支气管平滑肌等作用，故可缓解过敏性休克的症状。本品还能降低毛细血管通透性，故对荨麻疹、血清反应等也有治疗作用。③ 与局麻药合用，可延长局麻时间。常在局麻药液100毫升中加0.1%盐酸肾上腺素0.2～0.5毫升。④ 局部止血。可将0.1%盐酸肾上腺素液作5～100倍稀释后应用，如用浸润纱布压迫止血、将药液滴入鼻腔治疗鼻出血。

【制剂、用法与用量】

盐酸肾上腺素注射液　每支1毫升：1毫克。皮下或肌内注射用量：犬0.1～0.5毫克/次，猫0.1～0.2毫克/次。用于急救时可用生理盐水或5%葡萄糖注射液将注射液稀释10倍后做静脉注射（必要时可作心内注射），用量：犬0.1～0.3毫克/次，猫0.1～0.2毫克/次，应用1次，需要时可重复应用。

【注意事项】

（1）可引起心律失常，表现为过早搏动、心动过速，甚至心室纤维性颤动。

（2）用药过量可致心肌局部缺血、坏死。

（3）皮下注射误入血管或静脉注射剂量过大、速度过快，可使血压骤升、中枢神经系统抑制和呼吸停止。

麻黄碱

【理化性质、药理作用及适应症】

本品为白色微细结晶或结晶性粉末，易溶于水，溶于乙醇。

本品具有对α受体和β受体的兴奋作用。内服或注射均可出现与肾上腺素相似的作用，如收缩血管、兴奋心脏、升高血压、松弛支气管平滑肌等，但其作用持久而较弱。另外，还有显著的中枢兴奋作用。若反复使用，易产生耐药性。

其主要用途有：① 治疗支气管喘息，缓解支气管痉挛。② 解救吗啡、巴比妥类麻醉药中毒。不仅能兴奋呼吸与循环功能，还可兴奋大脑，对抗中枢抑制现象。③ 消除黏膜充血。用其0.5%～1%溶液滴鼻，可治疗鼻黏膜充血与鼻阻塞。

【制剂、用法与用量】

盐酸麻黄碱片剂　每片25毫克。内服量：犬10～30毫克/次，猫2～5毫克/次。

每日1次，可连用3～5次。

盐酸麻黄碱注射液　每支1毫升：30毫克。皮下注射用量：犬10～30毫克/次。每日1次，可连用3～5次。

重酒石酸去甲肾上腺素

【理化性质、药理作用及适应症】

本品为白色或几乎白色的结晶性粉末。易溶于水，在乙醇中微溶。

本品主要激动α受体，作用不及肾上腺素强。对β受体兴奋作用较弱。有很强的血管收缩作用，使全身小动脉和小静脉都收缩（但冠状血管扩张），外周阻力增大，收缩压和舒张压均上升。

临床主要用于升压和各种休克。

【制剂、用法与用量】

重酒石酸去甲肾上腺素注射液　每支1毫升：2毫克，2毫升：10毫克。静脉滴注用量：犬、猫0.1～0.2毫克，应用1次，需要时可重复应用。

【注意事项】

（1）限用于休克早期的抢救，并在短时间内小剂量静脉滴注。

（2）静脉滴注时要严防药液外漏，以免引起局部组织坏死。

盐酸异丙肾上腺素

【理化性质、药理作用及适应症】

本品为白色或类白色结晶性粉末，本品在水中易溶，略溶于乙醇。

本品为强大的β受体兴奋剂，对β_1受体和β_2受体缺乏选择性。可增强心肌收缩力，加速心率，使收缩压升高明显；对骨骼肌血管、肾和肠系膜动脉均有扩张作用，可降低舒张压。能缓解休克时的小血管痉挛，改善微循环，有良好的抗休克作用。对支气管和胃肠道平滑肌的松弛作用强大，有明显的平喘作用。

临床主要用于动物感染性休克、心源性休克，也用于心血输出量不足、中心静脉压较高的休克症治疗；也用于溺水、麻醉等引起的心脏骤停的复苏，过敏性支气管炎等引起的喘息症。

【制剂、用法与用量】

盐酸异丙肾上腺素注射液　每支2毫升∶1毫克。皮下或肌内注射：犬、猫0.1～0.2毫克/次，每6小时1次。静脉滴注：犬、猫0.5～1毫克/次，混入5%葡萄糖溶液250毫升中滴注，每日1次，可连用3～5次。

【注意事项】

（1）心肌炎及甲状腺机能亢进症禁用。

（2）剂量过大，特别是在缺氧情况下，易引起心律失常。

（3）抗休克时，应事先补足血容量，否则可导致血压下降。

盐酸多巴酚丁胺（杜丁胺）

【理化性质、药理作用及适应症】

本品为白色粉末，溶于水。

本品为选择性β受体激动剂，可兴奋心脏，使心肌收缩力加强，心血输出量增加。

临床上主要用于心脏衰弱的速效短期治疗。

【制剂、用法与用量】

盐酸多巴酚丁胺注射液　5毫升：250毫克。静脉滴注用量：250毫克加入5%葡萄糖注射液或生理盐水500毫升中（即每毫升中含500微克），犬以每分钟2～7微克/千克体重的速度滴注。

第十节　抗肾上腺素药

抗肾上腺素药，能在受体水平上拮抗肾上腺素能神经递质，或拮抗拟肾上腺素药的作用。按照对α和β两种肾上腺素受体的选择性不同，可分为两类：一种是α受体阻断药（如盐酸酚苄明），另一种是β受体阻断药（如盐酸普萘洛尔）。

盐酸酚苄明（盐酸苯氧苄胺，竹林胺）

【理化性质、药理作用及适应症】

本品为白色或类白色结晶性粉末，微溶于水，易溶于乙醇。

本品为长效α受体阻断药，作用起效慢，但强大持久，能舒张血管、降低外周阻力、改善微循环。

临床上用于休克时，可改善组织血液灌注及缓解肺水肿。也可用于治疗外周血管痉挛性疾病，如肢端动脉痉挛、冻疮等。还可治疗尿潴留、排尿困难。

【制剂、用法与用量】

盐酸酚苄明注射液　每支1毫升：10毫克。静脉滴注，犬猫用量：0.44 ~ 2.2毫克/千克体重，加入500毫升生理盐水或5%葡萄糖注射液中缓慢滴入。

盐酸酚苄明片剂　每片10毫克。内服量：犬每次0.25 ~ 0.5毫克/千克体重，每日2 ~ 3次；猫每次0.5毫克/千克体重，每日2次。

【注意事项】

滴注本品前，应先补充血容量。

盐酸普萘洛尔（心得安）

【理化性质、药理作用及适应症】

本品为白色或类白色结晶性粉末，可溶于水，略溶于乙醇。

本品可阻断心肌的β受体，减慢心率，抑制心脏收缩力与房室传导，降低血压。

临床上可用于治疗心绞痛和多种原因所致的心律失常，如房性及室性早搏、室上性心动过速、心房颤动等。

【制剂、用法与用量】

盐酸普萘洛尔片剂　每片10毫克。内服量：犬5～40毫克/次，猫2.5毫克/次，每日3次。

盐酸普萘洛尔注射液　每支5毫升：5毫克。静脉注射用量：犬1～3毫克/只，以每分钟1毫克的速度注入；猫0.25毫克/只，稀释于1毫升生理盐水中注入，直至产生疗效。

【注意事项】

（1）本品能减弱心肌收缩力，降低血压，故静脉注射必须缓慢。

（2）本品对支气管平滑肌β受体也有阻断作用，可引起支气管痉挛，故禁用于支气管喘息患畜。

（3）本品禁用于窦性心动徐缓、房室阻滞和充血性心力衰竭、心源性休克等患畜。不宜与控制心脏的药物（如乙醚等）合用。

第六章

常用解热镇痛抗炎药

一、水杨酸类

阿司匹林（乙酰水杨酸）

【理化性质、药理作用及适应症】

本品为白色结晶粉末或结晶性粉末，无臭或微带醋酸臭，味微酸，难溶于水，易溶于乙醇、氯仿或乙醚。

本品解热、镇痛作用较好，消炎、抗风湿作用强，并能够促进尿酸的排泄；还可以抑制抗体产生及抗原抗体结合反应，并抑制炎性渗出，对急性风湿症有特效。

临床上主要用于治疗发热、风湿病、肌肉和关节疼痛、痛风症等疾病。

【制剂、用法与用量】

阿司匹林片　每片0.3克、0.5克。口服量：① 解热镇痛，一次量，犬10毫克/千克，每12小时一次；② 抗炎，犬每次10～25毫克/千克，每8～12小时一次；③ 治疗风湿性关节炎，犬每次42毫克/千克，每72小时一次。

【注意事项】

（1）本品对猫有严重的毒性反应，不宜使用。

（2）动物发生中毒时，可采取洗胃、导泻、内服碳酸氢钠及静注5%葡萄糖和0.9%氯化钠等解救。

（3）对消化道有刺激作用。

水杨酸钠

【理化性质、药理作用及适应症】

本品为白色或略带红色的粉末。无臭或微带臭味，遇光易变质，易溶于水和乙醇。

本品镇痛作用较阿司匹林弱。

临床上主要用作抗风湿药。

【制剂、用法与用量】

水杨酸钠注射液　每支10毫升：1克、50毫升：5克、100毫升：10克。静脉注射量：犬0.1～0.5克/次，每日1次，连用3～5天。

【注意事项】

（1）本品不可与抗凝血药合用。

（2）本品与碳酸氢钠同时内服可加速本品排泄。

（3）长期应用本品可引起耳聋、肾炎等不良反应。

（4）本品能抑制凝血酶原合成而导致出血倾向。

二、苯胺类

扑热息痛（对乙酰氨基酚）

【理化性质、药理作用及适应症】

本品为白色结晶或结晶性粉末，无臭，味微苦，易溶于

热水和乙醇，溶于丙醇，在水中微溶。

本品能够抑制前列腺素的合成及释放，作用较强，而抑制外周前列腺素的合成和释放作用较弱。解热效果好，与阿司匹林相似；镇痛效果较差，不如阿司匹林。

临床主要作为小动物的解热镇痛药，用于发热、肌肉痛、关节痛和风湿症。

【制剂、用法与用量】

对乙酰氨基酚片剂　每片0.3克、0.5克。内服量：犬0.1～1克/次，每日1次，连用3～5天。

对乙酰氨基酚注射液　每支1毫升：75毫克，2毫升：250毫克。肌内注射量：犬0.1～0.5克/次，每日1次，连用3～5天。

【注意事项】

（1）猫禁用，因可引起严重毒性反应，如结膜紫绀、贫血、黄疸、脸部水肿等。

（2）治疗量的不良反应较少，偶见发绀、厌食、恶心、呕吐等副作用。

（3）大剂量可引起肝、肾损害，在给药后12小时内使用乙酰半胱氨酸或蛋氨酸可以预防肝损害。

（4）肝、肾功能不全的患畜及幼畜慎用。

三、吡唑酮类

安乃近

【理化性质、药理作用及适应症】

本品为白色或淡黄色结晶或结晶性粉末。无臭，味微苦，易溶于水，水溶液放置后渐变为黄色。略溶于乙醇，几乎不溶于乙醚。

本品主要通过减少炎症部位前列腺素的合成发挥抗炎作用，同时能够阻断内源性致热源（前列腺素D、前列腺素E）的合成发挥解热镇痛的作用。对胃肠道蠕动无明显影响。

临床上常用于解热、镇痛、抗风湿，也常用于肠痉挛及肠臌气等症。

【制剂、用法与用量】

安乃近注射液　每支5毫升：1.5克、10毫升：3克。肌内注射量：犬0.3～0.6克/次，每日1～2次，连用3～5天。

【注意事项】

（1）本品不能与氯丙嗪合用，以免动物体温剧降。

（2）不能与巴比妥类及保泰松合用，因会影响肝微粒体酶活性。

（3）长期应用可引起粒细胞数减少，用药期间要经常检查白细胞。

（4）应用本品能够加重出血倾向。

保泰松（布它酮）

【理化性质、药理作用及适应症】

本品为白色或黄色结晶性粉末，味略苦，难溶于水，可溶于醇和醚，性质稳定。

本品一般通过抑制环氧化酶活性、减少前列腺素的合成发挥解热、镇痛、消炎和抗风湿作用。本品的抗炎作用较好，但解热作用相对较差。

临床上主要用于治疗犬的肌肉和骨骼系统炎症，如关节炎、风湿病、腱鞘炎等，也可用于痛风和睾丸炎。

【制剂、用法与用量】

保泰松片　每片100毫克。内服量：犬每次2～20毫克/千克体重，每8～12小时一次；猫每次6～8毫克/千克体重，每12小时一次。

保泰松注射液　每支3毫升：600毫克。肌内注射或静脉注射量：犬每次2～20毫克/千克体重，每8～12小时一次；猫每次6～8毫克/千克体重，每12小时一次。

【注意事项】

（1）应用本品可引起血糖降低或出血症状。

（2）避免与其他骨髓抑制作用药物合用。

（3）本品与利尿剂合用可引起肾功能损伤。

（4）本品毒性较大，对犬有特异性中毒的报道，猫也易中毒，用时应慎重。

四、丙酸类

萘普生（萘洛芬）

【理化性质、药理作用及适应症】

本品为白色或类白色结晶性粉末，无臭或几乎无臭，几乎不溶于水，可溶于乙醇、甲醇或三氯甲烷，略溶于乙醚。

本品具有消炎、镇痛、解热作用。消炎作用为保泰松的11倍、阿司匹林的55倍。止痛作用约为阿司匹林的7倍，退热作用为阿司匹林的22倍。

临床上可用于解除肌炎和软组织炎症的疼痛、跛行及关节炎等。

【制剂、用法与用量】

萘普生片　每片0.1克、0.125克、0.25克。内服量：犬首次5毫克/千克体重，维持量每次2～5毫克/千克体重，每日一次。

【注意事项】

（1）犬对本品敏感，可见出血或胃肠道毒性。

（2）消化道溃疡患畜慎用。

（3）长期应用注意肾功能损伤。

酮洛芬（优洛芬）

【理化性质、药理作用及适应症】

本品为白色结晶性粉末，无臭或几乎无臭。易溶于乙醇、丙酮或乙醚，几乎不溶于水。

本品为COX-1抑制剂，能够减少前列腺素的合成，同时能够抑制脂氧合酶，具有解热、镇痛和抗炎作用。

临床主要用于治疗犬的类风湿性关节炎、骨关节炎等风湿性疾病，也可缓解轻、中度的疼痛。

【制剂、用法与用量】

酮洛芬片　每片5毫克、20毫克。内服量：犬、猫每次1毫克/千克体重。每24小时一次，连用5天。

酮洛芬注射液　1%溶液。肌内、皮下或静脉注射量：犬、猫每次2毫克/千克体重，每24小时一次，连用3天。

【注意事项】

（1）肾脏疾病患者慎用。

（2）脱水、低血容量、低血压或患有胃肠道疾病或血凝障碍的动物禁用。

（3）怀孕及6周龄以下动物禁用。

布洛芬（芬必得）

【理化性质、药理作用及适应症】

本品为白色结晶性粉末，稍有异臭，几乎无味。溶于乙醇、丙酮、氯仿和乙醚，几乎不溶于水。

本品具有较好的解热、镇痛、抗炎作用。镇痛作用不如阿司匹林，但毒副作用比阿司匹林小。内服易吸收，显效较酮洛芬快。

临床主要用于肌肉、骨骼系统障碍伴发的炎症和疼痛。

【制剂、用法与用量】

布洛芬片　每片50毫克。内服量：犬、猫每次1毫克/千克体重，每日1次，连用5日。

布洛芬注射液　每支50毫升：5克，100毫升：10克。静脉注射量：犬、猫肌肉疼痛每次2.2毫克/千克体重，每日1次，连用3～5日。

【注意事项】

（1）偶尔可引起视力减退，可见皮肤过敏。

（2）犬用2～6天可见呕吐。

（3）2～6周可见胃肠道损伤。

（4）猫对本品敏感性高，应慎用。

五、其他类

辛可芬

【理化性质、药理作用及适应症】

本品为白色或淡黄色结晶性粉末，味略苦，无臭，可溶于氯仿、乙醚、乙醇，几乎不溶于水，暴露于阳光下易发生变化。

【制剂、用法与用量】

辛可芬片　每片200毫克。内服量：犬每次25毫克/千克体重，每12小时一次。

【注意事项】

（1）妊娠、充血性心力衰竭禁用。

（2）犬肝功能障碍时禁用本品。

氟尼辛葡甲胺

【理化性质、药理作用及适应症】

本品为白色或类白色粉末，无臭，有引湿性。可溶于水、甲醇、乙醇，不溶于乙酸乙酯。

本品通过抑制外周的前列腺素合成或抑制其痛觉增敏物质的合成，从而阻断痛觉冲动传导。

临床主要用于犬、猫的发热，炎性疾患，肌肉痛和软组织痛等。

【制剂、用法与用量】

氟尼辛葡甲胺颗粒　每袋10克：0.5克、100克：5克、200克：10克。以氟尼辛计，内服量：一次量，犬、猫每次2毫克/千克体重，每日1～2次，连用不超过5日。

氟尼辛葡甲胺注射液　每支50毫升：0.25克、50毫升：2.5克、100毫升：0.5克、100毫升：5克。以氟尼辛计，肌内注射或静脉注射量：犬、猫每次1～2毫克/千克体重，每12～24小时一次，连用不超过5天。

【注意事项】

（1）不得用于胃肠溃疡、胃肠道及其他组织出血、心血管疾病、肝肾功能紊乱、脱水及对本品过敏的患畜。

（2）因犬对本品敏感，建议只用1次，或连用不超过3日。

（3）勿与其他非甾体抗炎药同时使用。

替泊沙林

【理化性质、药理作用及适应症】

本品为淡黄色粉末，有甜味，易溶于氯仿，不溶于水，微溶于甲醇。

本品可以减少前列腺素和白细胞三烯的合成，发挥抗炎、镇痛的退烧作用。

临床上主要用于缓解和控制犬、猫的肌肉、骨骼疼痛。

【制剂、用法与用量】

替泊沙林片　每片50毫克、100毫克、200毫克。内服量：犬每次10～20毫克/千克体重，猫10毫克/千克体重，每日一次。

【注意事项】

（1）偶尔出现呕吐等胃肠道反应。

（2）有胃肠道疾患及肾功能障碍的犬、猫慎用。

托芬那酸

【理化性质、药理作用及适应症】

本品为白色结晶粉末。

本品通过抑制环氧酶从而减少前列腺素的合成，发挥解热、镇痛作用。

临床上用于治疗犬急、慢性疼痛和/或炎症反应，及猫的急性疼痛和炎症反应，还可用于猫发热的对症治疗。

【制剂、用法与用量】

托芬那酸片　每片6毫克、20毫克、60毫克。内服量：犬、猫每次4毫克/千克体重，每日一次，连用3天。

托芬那酸注射液　每支1毫升：40毫克。肌内注射量：犬、猫每次4毫克/千克体重，24小时后重复一次。

【注意事项】

不宜与其他水杨酸类药物合用。

美洛昔康

【理化性质、药理作用及适应症】

本品为淡黄色粉末，有甜味。不溶于水，微溶于甲醇，易溶于氯仿。

本品能够通过抑制环氧化酶、磷脂酶和抑制前列腺素的合成来发挥镇痛、抗炎和退热功能。

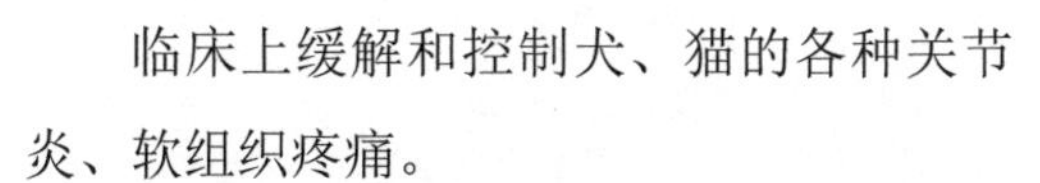

临床上缓解和控制犬、猫的各种关节炎、软组织疼痛。

【制剂、用法与用量】

美洛昔康片　每片7.5毫克。内服量：犬，首次量0.2毫克/千克体重，然后给予维持剂量0.1毫克/千克体重，每日一次；猫，首次量0.3毫克/千克体重，然后给予维持剂量0.1毫克/千克体重，每日一次，连用4日。

美洛昔康注射液　每支1毫升：5毫克。皮下注射量：犬，首次剂量，0.2毫克/千克体重，然后给予维持剂量0.1毫克/千克体重，每日一次；猫，皮下注射，每次0.2毫克/千克体重，每日1次，连用3～5天。

【注意事项】

（1）有消化道溃疡，脱水，肝、肾、心脏疾患的犬、猫禁用。

（2）怀孕、泌乳期犬、猫及不足6月龄的幼犬慎用。

（3）本品不宜与其他非甾体类抗炎药或糖皮质激素共用。

第七章

常用内脏系统药物

第一节　作用于血液系统药物

一、强心药

洋地黄（洋地黄叶，毛地黄）

【理化性质、药理作用及适应症】

本品为白色或黄白色结晶粉末，味苦。不溶于水，微溶于乙醚，可溶于乙醇、氯仿。

本品中所含的强心苷对心脏有加强心肌收缩力、减慢心率等作用。用药后可使心血输出量增加、淤血症状减轻、水肿消失、尿量增加。尤其是它在加强心肌收缩力的同时，可使舒张期延长、心室充盈完全。还能消除因心功能不全引起的代偿性心率过快，并使扩张的心脏体积减小、张力降低，使心肌总的耗氧量降低、工作效率提高。

临床主要用于犬的充血性心力衰竭、心房纤维性颤动和室上性心动过速等。

【制剂、用法与用量】

洋地黄毒苷片　每片0.1毫克。内服量：犬每次0.033毫克/千克体重，小型犬每8小时一次，大型犬每12小时一次；猫每次0.0055毫克/千克体重，每12小时一次。

【注意事项】

（1）应用本品之前应详细询问病史，对2周内未曾用过洋地黄者，才能按常规给药。

（2）用药期间，不宜合用肾上腺素、麻黄碱及钙剂，以免增强毒性。

（3）禁用于急性心肌炎、心内膜炎以及主动脉瓣闭锁不全等。

（4）应用本品如出现恶心、呕吐、腹泻、严重虚脱、脱水和心律不齐等症状时，应立即停药。

地高辛（狄戈辛）

【理化性质、药理作用及适应症】

本品为白色结晶或结晶性粉末，无臭，味苦。极微溶于氯仿，不溶于水。

本品属于快作用类强心苷，药理作用同洋地黄毒苷。

临床上适用于犬、猫各种原因所致的慢性心功能不全、阵发性室上性心动过速、心房颤动和扑动等。

【制剂、用法与用量】

地高辛片　每片0.25毫克。内服量：小型犬10微克/千克体重，每日两次；大型犬5微克/千克体重，每日两次；猫4微克/千克体重，每日一次。

地高辛注射液　每支2毫升：0.5毫克。

静脉注射量：首次量，犬0.01毫克/千克体重；维持量，0.005毫克/千克体重，每12小时一次。

【注意事项】

（1）近期使用过其他洋地黄类药物的动物慎用。

（2）本品禁止与酸、碱类配伍使用。

（3）用药期间禁用钙注射剂。

（4）其他参见洋地黄。

二、抗心律失常药

硫酸奎尼丁

【理化性质、药理作用及适应症】

本品为白色细针状结晶，无臭，味极苦，遇光颜色逐渐变暗。略溶于水，易溶于沸水或乙醇，水溶液呈中性或碱性。

本品对心脏节律有直接和间接作用，直接作用能够阻滞钠通道，适度抑制Na^+内流；间接作用是具有阿托品样作用。

临床主要用于犬、猫的室性心律失常及急性心房颤动，也可用于室上性早搏和心动过速的治疗。

【制剂、用法与用量】

硫酸奎尼丁片　每片0.2克。内服量：犬

（治疗心房颤动试用剂量）：第一日50～100毫克；第二、三日7～13毫克/千克体重，每隔2小时一次，日服4～5次。

【注意事项】

（1）在犬有胃肠道反应，如厌食、呕吐、腹泻等。出现荨麻疹和胃肠功能紊乱一般无需停药，其他毒性反应则较危险，应及时停药。

（2）出现充血性心力衰竭时，可静脉注射洋地黄制剂。

（3）肝、肾功能不全者慎用。

盐酸普鲁卡因胺

【理化性质、药理作用及适应症】

本品为白色或淡黄色结晶性粉末，无臭，有吸湿性，极易溶于水，易溶于醇。

本品对心脏的作用与奎尼丁类似，但作用较弱。

临床主要用于犬的室性早搏综合征，对室上性和室性心律不齐均有效。

【制剂、用法与用量】

盐酸普鲁卡因胺片　每片0.2克。内服量：犬0.25克/次，每隔4～6小时一次。

盐酸普鲁卡因胺注射液　每支1毫升：0.1克，2毫升：0.2克，5毫升：0.5克，10毫升：1克。肌内注射用量：犬0.25克/次，每2小时一次。

【注意事项】

（1）大剂量应用可出现心脏抑制作用。

（2）严重的心力衰竭、重症肌无力、肝肾功能严重损伤者禁用。

三、止血药

维生素K

【理化性质、药理作用及适应症】

本品为黄色至澄清的黏稠液体，无臭或几乎无臭，遇光易分解。易溶于氯仿、乙醚或植物油，略溶于乙醇，不溶于水。应遮光、密封保存。

本品主要能够促进肝脏合成凝血酶原（因子Ⅱ）和凝血因子Ⅶ、Ⅸ、Ⅹ，并起到激活作用，参与凝血过程。

临床主要用于治疗维生素K缺乏引起的出血性疾病，以及其他出血性疾病引起出血的辅助治疗。

【制剂、用法与用量】

维生素K注射液　每支1毫升：10毫克。皮下、肌内或静脉注射量：犬、猫每次0.5～2毫克/千克体重，每日1次。

【注意事项】

静脉应用本品时应缓慢。

酚磺乙胺（止血敏）

【理化性质、药理作用及适应症】

本品为白色结晶性粉末，无臭，味苦，遇光易分解变质，应密闭在凉暗处保存。在水中易溶，在乙醇中溶解，在丙酮中微溶，在三氯甲烷或乙醚中不溶。

本品能够促进血小板的生成，增强血小板的粘合力，进而促进凝血活性物质生成，缩短凝血时间，达到凝血效果。又能增强毛细血管的抵抗力，减少毛细血管壁的通透性，从而发挥止血效果。

临床用于预防和治疗各种出血性疾病，如脑、鼻、胃、肾、膀胱、子宫出血以及外科手术的出血等。

【制剂、用法与用量】

酚磺乙胺注射液　每支2毫升：0.5克。肌内或静脉注射量：犬每次250～500毫克；猫每次125～250毫克，每日1次，连用3～5天。

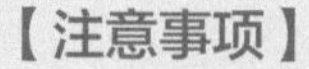

【注意事项】

外科手术前15～30分钟用本品可预防手术出血。

四、抗凝血药

肝素钠（肝素）

【理化性质、药理作用及适应症】

本品为白色或淡黄色粉末，易溶于水。

本品能够影响凝血过程的许多环节，包括阻滞凝血酶原转变为凝血酶；抑制凝血酶，以至不能发挥促进纤维蛋白原转变为纤维蛋白的作用；阻止血小板的凝集和崩解等作用。

临床主要用于犬、猫弥漫性血管内凝血、血栓栓塞性疾病或潜在性栓塞性疾病。

【制剂、用法与用量】

肝素钠注射液　每支2毫升：0.5克。静脉注射量：犬每次150～250单位/千克体重，猫每次250～375单位/千克体重，每日1次，连用3～5天。

【注意事项】

（1）肝素口服给药无效，须以注射法给药（多用静脉注射）。

（2）本品禁用于出血性素质和伴有血液凝固延缓的各种疾病，如肝功能不全、肾功能不全、脑出血等。

（3）各种黏膜出血是本品的主要不良反应。

华法林钠（苄丙酮香豆素钠）

【理化性质、药理作用及适应症】

本品为白色结晶性粉末，无臭，味微苦，极易溶于水。

本品能够竞争性抑制维生素K的作用。

临床主要用于预防和治疗犬、猫栓塞性疾病。

【制剂、用法与用量】

华法林片　每片2.5毫克。内服量：犬、猫每次2～3毫克/千克体重，每日用量分2～3次内服。

五、抗贫血药

硫酸亚铁（硫酸低铁）

【理化性质、药理作用及适应症】

本品为透明淡蓝绿色柱状结晶或颗粒，无臭，味咸，易溶于水，在干燥空气中易风化，湿空气中易氧化并在表面生成黄棕色的碱式硫酸铁，故须密封保存。

本品以Fe^{2+}形式在小肠上段吸入肠黏膜后，部分转为Fe^{3+}，与去铁蛋白结合形成铁蛋白储存；另一部分铁吸收进入血液，与转铁蛋白结合形成复合物，再与胞浆膜上的特异性转铁蛋白受体结合，通过胞饮作用进入细胞，随后在酸性小室内pH依赖性地将铁离子释放，提供血和储存。

临床主要用于治疗犬、猫的缺铁性贫血。

【制剂、用法与用量】

硫酸亚铁片　每片200毫克。内服量：犬每次100～300毫克/千克，猫每次50～100毫克/千克，每日一次。

【注意事项】

（1）口服对胃肠道有刺激性，可致食欲减退、腹痛、腹泻等，故宜于饲后投药。

（2）有时可引起便秘，这是由于铁和肠内硫化氢结合，生成的硫化铁以及铁盐本身所具有的收敛作用所致。

（3）副作用严重时应停药。

（4）消化道溃疡、肠炎动物禁用。

维生素B_{12}

【理化性质、药理作用及适应症】

本品为深红色结晶或结晶性粉末，无臭，无味，吸湿性强，在水或乙醇中略溶。应遮光，密封保存。

本品参与机体的蛋白质、脂肪和碳水化合物代谢，帮助叶酸循环利用，促进核酸的合成，为动物生长发育、造血功能、上皮细胞生长及维持神经髓鞘完整性所必需。

临床主要用于治疗维生素B_{12}缺乏所致的病症。

【制剂、用法与用量】

维生素B_{12}注射液　每支1毫升：1毫克。

肌内注射量：犬每次0.1毫克/次，猫每次0.05～0.1毫克/次。每日或隔日一次。

第二节 消化系统药物

一、健胃药

龙胆

【理化性质、药理作用及适应症】

本品粉末为淡黄棕色，味甚苦。

本品主要作用于舌的味觉感受器，通过迷走神经反射性地兴奋食物中枢，促进唾液、胃液分泌以及促使游离盐酸盐相应增多，从而加强消化和提高食欲。对胃黏膜无直接刺激作用，也没有明显的吸收。

临床主要用于治疗犬、猫的食欲不振、消化不良或者某些热性病的恢复期等。

【制剂、用法与用量】

龙胆酊　由龙胆末100克、40%酒精1000毫升组成。为澄明黄棕色液体，味极苦，能与水任意混合。应密封保存于阴凉处。内服量：犬、猫每次1～3毫升。每日3次。

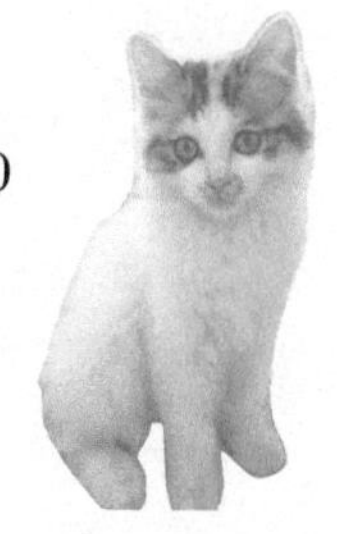

复方大黄酊

【理化性质、药理作用及适应症】

本品为黄棕色液体。有香气，味苦，微涩。每100毫升相当于大黄10克、橙皮2克、草豆蔻2克。

本品主要发挥其苦味健胃作用，刺激口腔味觉感受器，通过迷走神经的反射，使唾液和胃液分泌增加，从而提高摄入，加强消化。

临床上常作健胃药，用于犬、猫食欲不振、消化不良。

【制剂、用法与用量】

复方大黄酊　内服量：犬、猫每次1～4毫升。每日3次。

碳酸氢钠（重碳酸钠，小苏打）

【理化性质、药理作用及适应症】

本品为白色结晶性粉末，无臭，可溶于水，不溶于乙醇。

本品内服后，可中和胃酸，其作用迅速而强烈。但由于胃排空加速，故维持时间短（15～20分钟）。中和胃酸时，能迅速产生二氧化碳。二氧化碳能刺激胃壁，促进胃酸再分泌（继发性胃酸增多），并能增加胃内压。

临床可用于治疗犬胃酸偏高性消化不良。

【制剂、用法与用量】

碳酸氢钠片　每片0.3克、0.5克。内服量：犬每次0.5～2克。每日1次。

【注意事项】

（1）本品为弱碱性药物，禁止与酸性药物混合应用。

（2）在中和胃酸后，因可继发性引起胃酸过多，因此一般认为碳酸氢钠不是一个良好的制酸剂。

二、助消化药

胃蛋白酶

【理化性质、药理作用及适应症】

本品为白色至淡黄色的粉末，有引湿性；水溶液显酸性反应，遇热或碱性条件下易失效。

本品是由动物的胃黏膜制得的一种蛋白质分解酶，内服后可使蛋白质初步分解为蛋白胨，有利于蛋白质的进一步分解吸收，但不能进一步分解为氨基酸。

临床主要用于胃液分泌不足或幼畜因胃蛋白酶缺乏引起的消化不良。

【制剂、用法与用量】

胃蛋白酶片　每片120单位。内服量：犬每次80～160单位，猫每次80～240单位，每日3次。

【注意事项】

（1）本品宜饲喂前服用。

（2）忌与碱性药物、鞣酸、重金属盐等配合使用。

胰酶

【理化性质、药理作用及适应症】

本品为淡黄色粉末，可溶于水，微臭，遇热、酸、碱和重金属盐时易失效。

本品为猪、牛、羊的胰脏提取物，可以促进蛋白质和淀粉消化，对脂肪也有一定的消化能力。

临床主要用于消化不良、食欲不振及肝、胰腺疾病引起的消化障碍。

【制剂、用法与用量】

胰酶片　每片0.3克、0.5克。内服量：犬每次0.2～0.5克，每日3次。

【注意事项】

本品忌与酸性药物同用，遇热、酸、强碱、重金属盐等易失效。

三、抗酸及胃肠解痉药

氢氧化铝（氢氧化铝凝胶）

【理化性质、药理作用及适应症】

本品为白色无晶形粉末，无臭，无味，几乎不溶于水，不溶于乙醇。

本品能够在胃内形成保护膜，使溃疡面与盐酸隔离，有利于溃疡愈合。同时能够中和胃酸，起效缓慢而持久。

临床主要用于治疗胃酸过多和胃溃疡。

【制剂、用法与用量】

氢氧化铝凝胶　每支200毫升：8克。内服量：犬、猫每次10～30毫升/千克体重，每8小时一次。

【注意事项】

本品在胃肠道可影响磷的吸收并引起便秘，不宜长期使用。

胃肠宁（格隆溴铵）

【理化性质、药理作用及适应症】

本品为白色结晶性粉末，无臭，味苦，易溶于水及乙醇。

本品为节后抗胆碱药，作用似阿托品。

其特点是抑制胃酸及唾液分泌的作用较强，而胃肠道解痉的作用较弱。

本品主要用于治疗胃酸过多，消化性溃疡等症。

【制剂、用法与用量】

胃肠宁注射液　肌内或皮下注射量：犬每次0.01毫克/千克体重，每日2～3次，连用3～5天。

奥美拉唑（洛赛克）

【理化性质、药理作用及适应症】

本品为白色至类白色结晶性粉末。

本品进入壁细胞后，可以抑制H^+、胃酸分泌，使得胃液pH升高。此外，还有黏膜保护作用。

临床主要用于治疗胃及十二指肠溃疡。

【制剂、用法与用量】

奥美拉唑片　每片10毫克、20毫克、40毫克。内服量：犬每次0.5～1.5毫克/千克体重，猫每次0.75～1.5毫克/千克体重，每日一次。

注射用奥美拉唑　每支40毫克。静脉注射量：犬每次0.5～1.5毫克/千克体重，每日一次。

四、催吐药

硫酸铜

【理化性质、药理作用及适应症】

本品为蓝色结晶性颗粒或粉末，有风化性，易溶于水，

微溶于乙醇。应密封保存。

低浓度硫酸铜，有收敛和刺激作用。1%硫酸铜溶液有催吐作用；2%硫酸铜溶液反复应用，可导致胃肠炎；10%～30%的硫酸铜有腐蚀作用。

临床主要用于犬、猫的催吐，常以1%溶液内服，10分钟即可发生呕吐。

【制剂、用法与用量】

硫酸铜溶液　内服量（含硫酸铜）：犬0.1～0.5克/次，猫0.05～0.1克/次，每日1次。配成1%溶液。

【注意事项】

若发现中毒，可灌服牛奶、鸡蛋清等解救。

五、止吐药

舒必利（止吐灵）

【理化性质、药理作用及适应症】

本品为白色或类白色结晶性粉末，无臭，味苦，易溶于冰醋酸，难溶于乙醇，难溶于丙酮，不溶于水、乙醚、氯仿与苯。

本品属于中枢性止吐药，能够选择性拮抗D_2受体，止吐功能强大。

临床主要用作犬的止吐药，对抑郁症也有一定疗效。

【制剂、用法与用量】

舒必利片　每片10毫克、100毫克。内服量：5～10千克犬每次0.3～0.5毫克/千克体重，大型犬每次10毫克，每日2～3次。

西沙必利

【理化性质、药理作用及适应症】

本品能增加下端食管蠕动、括约肌压力并加速胃的排空，并且西沙比利对多巴胺受体的阻断作用不强，不会引起胃酸的分泌增加。

本品适用于小动物的食管返流和初期胃潴留，同时对猫的便秘和巨结肠症也有效果。

【制剂、用法与用量】

西沙必利片　每片5毫克、10毫克。内服量：犬每次0.1～0.5毫克/千克体重，猫每次2.5～5毫克。每8～12小时一次。

【注意事项】

禁止同时内服或非肠道应用酮康唑、伊曲康唑、咪康唑、氟康唑、红霉素等。

六、泻药

硫酸钠（芒硝）

【理化性质、药理作用及适应症】

本品为无色透明大结晶或颗粒性粉末，无臭，味清凉而苦咸。易溶于水，有风化性。

本品小量内服后能轻度刺激消化道黏膜，使胃肠的分泌和运动稍有增加，故有健胃作用；大量内服，即大量硫酸钠溶于大量水中内服，因其离子不易被吸收，可保持大量水在肠内，可机械地刺激肠黏膜、软化粪块，有利于加速排粪。

临床上主要用于大肠便秘、排出肠内毒物、驱除虫体等。

【制剂、用法与用量】

硫酸钠　致泻内服量：犬每次10～25克，猫每次5～10克，每日1次。

无水硫酸钠　致泻内服量：犬每次5～10克，猫每次2～5克，每日1次。

【注意事项】

本品与大黄、枳实、厚朴等配伍治疗大肠便秘效果更好。

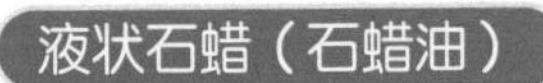

液状石蜡（石蜡油）

【理化性质、药理作用及适应症】

本品为无色或微黄色透明中性油状物。无臭、无味。不溶于水，能与其他油类混合。

本品内服后不被吸收，以原形通过肠管，润滑肠道，阻碍肠内水分吸收而软化粪便，作用缓和，应用安全。

临床主要用于小肠阻塞、便秘等，患肠炎动物、妊娠动物也可应用。

【制剂、用法与用量】

液状石蜡　内服量：犬每次10～30毫升，猫每次5～10毫升，每日1～2次。

【注意事项】

本品不宜长期反复使用，以免影响消化及阻碍脂溶性维生素和钙、磷的吸收等。

蓖麻油

【理化性质、药理作用及适应症】

本品为几乎无色或淡黄色黏稠油液，有微臭，味淡带辛，不溶于水，能溶于醇，与无水乙醇、氯仿、乙醚、冰醋酸能任意混合。

本品本身只有润滑性，并无刺激性。内服后到达十二指肠，受胰脂肪酶的作用，皂化分解成为蓖麻油酸和甘油。前者很快变成蓖麻油酸钠，刺激小肠黏膜，促进蠕动，引起排粪，这时未被皂化的油则有润滑作用，有助于排粪。

临床主要用于犬、猫小肠便秘。

【制剂、用法与用量】

蓖麻油　内服量：犬每次10～30毫升，猫每次4～10毫升，每日1～2次。

【注意事项】

（1）妊娠、肠炎动物禁用本品。

（2）本品不宜用于排除毒物，以免中毒。

（3）不能长期反复使用，以免影响消化功能。

七、止泻药

鞣酸

【理化性质、药理作用及适应症】

本品为淡黄色粉末，或为疏松有光泽的鳞片，或为海绵块状。微有特异臭味，味极涩。易溶于水，水溶液呈酸性反应，久置则缓缓分解。

本品为一种蛋白质沉淀剂，能与蛋白质结合生成鞣酸蛋白，故具有收敛作用。内服后部分鞣酸在胃内与胃蛋白结合，形成鞣酸蛋白，到达小肠后，再被分解放出鞣酸而呈现收敛

性消炎、止泻作用。

临床可用于急性肠炎、非细菌性腹泻的治疗。

【制剂、用法与用量】

鞣酸软膏　内服量：犬每次0.2～2克，猫每次0.15～2克，每日1次。

【注意事项】

本品对肝脏有损作用，不宜久用。

鞣酸蛋白

【理化性质、药理作用及适应症】

本品为淡棕色或淡黄色粉末，无臭，几乎无味，不溶于水及醇。

本品本身无活性，内服后在胃内不发生变化，也不呈现作用，进入小肠遇碱性肠液则逐渐分解为鞣酸及蛋白，而呈现收敛性消炎、止泻作用。这种作用较持久，能到达肠管后部。

临床可用于治疗急性肠炎和非细菌性腹泻。

【制剂、用法与用量】

鞣酸单片　每片0.25克、0.5克。内服量：犬每次0.2～2克，每日1次。

【注意事项】

（1）动物患有细菌性肠炎时，应先用抗菌药物控制感染后再用本品。

（2）猫慎用。

药用炭（活性炭）

【理化性质、药理作用及适应症】

本品为黑褐色、轻松粉末，无臭，无味。

本品内服后能够吸附肠内各种化学刺激物、毒物和细菌毒素等；同时，能在肠壁上形成一层药粉层，可减轻肠内容物对肠壁的刺激，使得肠蠕动减少，从而起到止泻作用。

临床主要用于腹泻、肠炎、毒物中毒等。

【制剂、用法与用量】

药用炭片　每片0.15克。内服量：犬每次0.3～5克，猫每次0.15～0.25克。

【注意事项】

（1）本品能够吸附其他药物，影响其作用。

（2）本品能够影响消化酶活性。

地芬诺酯（止泻宁，苯乙哌啶）

【理化性质、药理作用及适应症】

本品盐酸盐为白色粉末或白色结晶性粉末，几乎不溶于水，略溶于乙醇。

本品可以激动阿片受体，减弱肠蠕动，同时增强肠道的阶段性收缩，延迟内容物后移，以利于水分的吸收。

临床可用于犬、猫急、慢性功能性腹泻，慢性肠炎等。

【制剂、用法与用量】

复方苯乙哌啶片　每片含苯乙哌啶盐酸盐2.5毫克、硫酸阿托品0.025毫克。内服量：犬每次2.5毫克，每8～12小时一次；猫每次0.05～0.1毫克/千克体重，每12小时一次。

【注意事项】

（1）不宜用于细菌毒素引起的腹泻。

（2）猫使用本品可能引起咖啡样兴奋。

（3）长期应用可引起依赖性。

第三节　呼吸系统药物

一、祛痰药

氯化铵

【理化性质、药理作用及适应症】

本品为无色或白色结晶性粉末，无臭，味咸，微溶于乙醇，易溶于水，有引湿性。应密封保存于干燥处。

本品内服后，能够刺激胃黏膜迷走神经末梢，反射性地兴奋、支配气管及支气管的传出迷走神经纤维，促使腺体分泌增加。另外，氯化铵吸收后，小部分从呼吸道排出，也可使痰液稀释，易于咳出，并可覆盖在发炎的支气管黏膜表面，使黏膜少受刺激，减轻咳嗽。

临床可以用于支气管炎初期，特别是对黏膜干燥、痰稠不易咳出的咳嗽，也可用于心性水肿或肝性水肿，还能够作为尿液的酸化剂。

【制剂、用法与用量】

氯化铵片　每片0.3克。祛痰内服量：犬每次100毫克/千克体重，每12小时一次；猫每次800毫克，每24小时一次。酸化尿液内服量：犬每次0.2～0.5克，每日3～4次；猫每次

0.5克或20毫克/千克体重，每日1次。

【注意事项】

（1）本品不能与磺胺类药物配伍。

（2）有败血症症状的患畜禁用。

（3）本品遇碱或重金属盐类即分解，故禁止配伍应用。

（4）肝、肾功能异常患畜慎用或禁用。

溴己新（必嗽平）

【理化性质、药理作用及适应症】

本品盐酸盐为白色结晶性粉末，无臭，无味。极微溶于水，略溶于甲醇，微溶于乙醇和氯仿。

本品能裂解痰中酸性黏多糖纤维，且能抑制酸性黏多糖在腺体及杯状细胞中的合成，从而使痰黏度降低，并有润滑支气管黏膜的作用。

临床主要用于慢性支气管炎，以利于黏稠痰液咳出。

【制剂、用法与用量】

盐酸溴己新片　每片4毫克、8毫克。内服量：犬每次2.6～2.5毫克/千克体重；猫每次1毫克/千克体重，每12～24小时一次。

【注意事项】

（1）使用本品可引起胃不适。

（2）本品与四环素类抗生素合用可以增强抗菌效应。

乙酰半胱氨酸（痰易净）

【理化性质、药理作用及适应症】

本品为白色结晶性粉末，有类似蒜的臭气，有吸湿性，可溶于水及乙醇。

本品为黏液溶解性祛痰剂，有溶解痰液的作用。

临床用于黏痰阻塞气道、咳嗽困难的动物，也适用于急性和慢性支气管炎、支气管扩张、喘息、肺炎、肺气肿等。

【制剂、用法与用量】

喷雾用乙酰半胱氨酸　喷雾吸入量（30～60分钟剂量）：犬、猫50毫克。

【注意事项】

（1）本品可降低青霉素、头孢菌素和四环素等药物的药效，不宜同时使用。

（2）不宜与铁、铜等金属及橡胶、氧化剂接触，喷雾容器应采用玻璃或塑料制品。

（3）使用时应新鲜配制，未用完溶液应置于冰箱内保存，48小时内用完。

（4）支气管哮喘患畜慎用或禁用。

（5）犬、猫喷雾后宜稍加运动，促进痰液的咳出。

二、镇咳药

可待因（甲基吗啡）

【理化性质、药理作用及适应症】

本品磷酸盐为无色、微细的针状结晶，无臭，味苦。能溶于水，水溶液呈酸性，微溶于醇，在氯仿中极微溶解。

本品属于阿片受体激动剂，可直接抑制咳嗽中枢，而产生较强的镇咳作用。

临床用于慢性和剧烈的刺激性干咳。

【制剂、用法与用量】

盐酸可待因片　每片15毫克、30毫克、60毫克。内服量：犬每次0.1～0.36毫克/千克体重，猫每次0.1毫克/千克体重，每6小时一次。

磷酸可待因注射液　每支1毫升：15毫克、1毫升：30毫克。皮下注射量：犬、猫每次2～3毫克/千克体重，每6小时一次。

【注意事项】

（1）本品可成瘾，副作用有呕吐、便秘等，应慎用。

（2）本品能抑制呼吸道腺体分泌和纤毛运动，不适用于痰液黏稠的咳嗽。

（3）大剂量或长期使用容易出现恶心、呕吐、便秘，以及胰腺、胆管痉挛等副作用。

（4）剂量过高会导致呼吸抑制，猫可见中枢兴奋症状。

三、平喘药

氨茶碱

【理化性质、药理作用及适应症】

本品为白色或黄白色颗粒或粉末，易结块。稍有氨臭味，味苦。在空气中吸收二氧化碳并分解为茶碱，水溶液呈碱性。能溶于水，微溶于醇。

本品能够直接松弛支气管平滑肌，有缓解支气管平滑肌痉挛、治疗支气管哮喘的作用；并可间接抑制组织胺及慢反应物质等致敏物质释放，缓解支气管黏膜充血和水肿。此外，还有强心及兴奋中枢等作用。

临床主要用于支气管扩张，也常用于有心功能不全或肺水肿的病例，如犬的心性气喘病。

【制剂、用法与用量】

氨茶碱片　每片0.1克、0.2克。内服量：犬每次10毫克/千克体重，每日3～4次；猫每次6.6毫克/千克体重，每12小时一次。

氨茶碱注射液　每支2毫升：0.5克、5毫升：1.25克。肌内注射或静脉注射用量：犬每次10毫克/千克体重，每日3～4次。

【注意事项】

（1）与大环内酯类、氯霉素类、林可胺类及喹诺酮类合用时，本品的清除率低、血药浓度高，易出现毒性反应，故联用时应适当调整本品用量。

（2）本品对局部有刺激性，不宜作皮下注射。

（3）静注或静脉滴注如用量过大、浓度过高，都可强烈兴奋心脏和中枢神经，故需稀释后注射并注意掌握速度和剂量。

（4）内服可引起恶心、呕吐等反应。

（5）肝功能低下、心衰患畜慎用。

第四节 泌尿系统药物

一、利尿药

呋塞米（速尿）

【理化性质、药理作用及适应症】

本品为白色或类白色结晶性粉末，无臭，几乎无味。不溶于水，略溶于乙醇，其钠盐溶于水。

本品为强利尿剂。主要作用于肾小管的髓袢升支髓质部，抑制其对Cl^-和Na^+的重吸收，对升支的皮质部也有作用。结果导致管腔液Na^+、Cl^-浓度升高，髓质间Na^+、Cl^-浓度降低，肾小管浓缩功能下降，从而导致水、Na^+、Cl^-排泄增多。此外，还有增加肾脏血流量和降压等作用。若利尿过多，可出现低血钾症、低血容量以及水和电解质紊乱等不良反应。本品内服30分钟起效，1～2小时达到高峰，能维持4～6小时。

临床主要适用于各种原因引起的水肿，并可促进尿道上部结石的排出，也可用于预防急性肾功能衰竭。

【制剂、用法与用量】

呋塞米片 每片20毫克、40毫克。内服量：

犬、猫每次2.5～5毫克/千克体重，每日两次，连用2～3日。

呋塞米注射液　每支2毫升：20毫克、10毫升：100毫克。肌内注射或静脉注射量：犬、猫每次0.5～1毫克/千克体重，每日一次或隔日一次，严重病例每6～12小时一次。静脉注射宜稀释。

【注意事项】

（1）应用呋塞米时，会出现低钠血症、低血容量等不良反应，所以应间歇给药，开始小剂量，防止利尿过多。

（2）长期用药，应与氯化钾或保钾利尿药（氨苯蝶啶）合用。

（3）应避免与头孢菌素类抗生素合用，以免增加后者毒性。

（4）无尿症禁用。

氢氯噻嗪（双氢克尿噻）

【理化性质、药理作用及适应症】

本品为白色结晶粉末，无臭，味微苦。可溶于丙酮或碱性溶液中，但在碱性溶液中易水解，应密闭保存。

本品属中效利尿药，主要作用于髓袢升支皮质部，抑制钠离子的主动重吸收。肾小管中钠离子增加，可使氯离子的吸收相应地减少，结果使大量的钠、氯和水从尿中排出，呈现较强而持久的利尿作用。犬、猫在内服给药后4小时达作用高峰，作用维持12小时。

临床可用于各种类型的水肿，对心性水肿效果较好，对肾性水肿的效果与肾功能损伤程度有关。

【制剂、用法与用量】

氢氯噻嗪片　每片25毫克、50毫克。内服量：犬、猫每次344毫克/千克体重，每日1～2次。

氢氯噻嗪注射液　每支5毫升：125毫克，10毫升：250毫克。肌内注射量：犬每次10～25毫克，猫每次5～15毫克，每日1～2次。

【注意事项】

（1）长期应用，易引起低血钾和低血氯症，应配用氯化钾防止。

（2）忌与洋地黄配合使用。

（3）可产生胃肠道反应，如可引起呕吐、腹泻等。

（4）严重肝脏、肾脏功能障碍和电解质平衡紊乱的患畜慎用。

（5）磺胺类药物可以增强噻嗪类利尿药的作用。

螺内酯（安体舒通）

【理化性质、药理作用及适应症】

本品为白色或类白色细微结晶性粉末，无臭或略有硫醇

臭味，味苦。不溶于水，可溶于乙醇，易溶于氯仿、苯。

本品化学结构与醛固酮类似，为醛固酮拮抗剂。两者在肾小管内起竞争作用，从而干扰醛固酮的保钠排钾作用。用药后，促使Na^+和Cl^-排出增加而利尿，又称留钾利尿药。利尿作用较弱，且缓慢而持久。

临床较少单用，常与噻嗪类或呋塞米合用，用于治疗肝性或其他各种水肿。

【制剂、用法与用量】

螺内酯胶囊　每粒20毫克（其作用相当于普通片剂100毫克）。内服量：狗、猫每次0.5～1.5毫克/千克，每日3～4次。

【注意事项】

（1）本品有留钾作用，应用过程无需补钾。

（2）肾功能衰竭病畜及高血钾时忌用。

（3）临床上常与噻嗪类利尿药或高效利尿药合用。

氨苯喋啶（三氨喋啶）

【理化性质、药理作用及适应症】

本品为黄色结晶性粉末，无臭或几乎无臭。在水、乙醇、氯仿或乙醚中不溶，在冰醋酸中极微溶解。需遮光、密封保存。

本品为保钾利尿药，能抑制远曲小管的钠钾交换，出现保钾排钠的利尿作用。

临床主要用于治疗犬、猫各种水肿性疾病，包括充血性心力衰竭、肝硬化腹水、肾病综合征等。

【制剂、用法与用量】

氨苯喋啶片　每片50毫克。内服量：犬、猫每次0.5～3毫克/千克，每日一次。

【注意事项】

（1）长期应用本品可发生高钾血症。

（2）严重肾功能不全者禁用。

二、脱水药

甘露醇

【理化性质、药理作用及适应症】

本品为白色结晶性粉末，无臭，味甜，能溶于水，在乙醇中不溶，等渗溶液浓度为5.07%，临床上用20%的高渗溶液。

本品口服后不被吸收，故必须静脉给药。高渗甘露醇液静脉注射后主要分布于血液，不易透入组织，故能提高血浆渗透压，致使组织间水分向血浆渗透，产生脱水作用。亦能迅速增加尿量和尿Na^+、K^+的排出，其排出Na^+量约为滤过Na^+量的15%。

临床是治疗脑水肿的首选药，也可以用于其他组织水肿、休克或手术后无尿症、急性少尿症，以增加尿量。还可用于预防急性肾功能衰竭。

【制剂、用法与用量】

甘露醇注射液　20%甘露醇，每瓶100毫升、250毫克。应保存于20～30℃室温下，天冷时易析出结晶，但可用热水（80℃）加温振摇溶解后再用。静脉注射量：犬、猫每次5～10毫升/千克体重，每日1～2次。

【注意事项】

（1）静脉注射时勿漏出血管外，以免引起局部肿胀、坏死。

（2）不能与高渗盐水配合应用，因氯化钠能促其迅速排泄。

（3）大剂量或长期应用，可引起水和电解质平衡紊乱。

（4）静脉注射过快，可能引起心血管反应，如肺水肿及心动过速等。

第五节　生殖系统药物

一、雌激素

雌二醇

【理化性质、药理作用及适应症】

本品苯甲酸盐为白色结晶性粉末，无臭，不溶于水，微溶于乙醇，可溶于丙酮。

本品能够促使未成熟雌畜第二性征发育及性器官的形成。对成年雌畜除保持第二性征外，可使阴道上皮、子宫内膜及子宫平滑肌增生，增加子宫和输卵管的收缩活动；增加子宫对催产素的敏感性，使子宫颈口松弛；还可提高生殖道的防御能力。此外，雌二醇还能影响垂体腺的促性腺激素的释放，从而抑制泌乳、排乳，以及雌性激素的分泌。

临床主要用于治疗犬、猫子宫炎和子宫蓄脓，也可用于治疗前列腺肥大、肛门腺瘤等。还可用于犬、猫误配后防止怀孕、终止妊娠或排出死胎。

【制剂、用法与用量】

苯甲酸雌二醇注射液　每支1毫升：1毫克、2毫克、5毫克。肌内注射量：犬每次0.2～2毫克，猫每次0.2～0.5毫克，

每日1次，每周2～3次。

【注意事项】

（1）动物妊娠早期禁用。

（2）长期、大剂量或不当使用，可引起卵巢囊肿、流产、卵巢萎缩以及性周期的停止等不良反应。

（3）患乳腺瘤动物禁用。

己烯雌酚

【理化性质、药理作用及适应症】

本品为人工合成的雌激素，为无色结晶或白色结晶性粉末，难溶于水，易溶于醇和脂肪油。应避光、密封保存。

本品可促进子宫、输卵管、阴道和乳腺的生长和发育。除维持成年母畜的特征外，还能使阴道上皮、子宫平滑肌、子宫内膜增生，刺激子宫收缩。小剂量可促进垂体促黄体素（LH）的分泌，大剂量则可抑制垂体促卵泡素（FSH）的分泌。亦能抑制泌乳。该药对反刍动物有明显的促蛋白质合成的作用，还可增加体内水分，加速增重和加快骨盐的沉积。

临床主要用于动物的催情，治疗犬、猫子宫内膜炎、子宫蓄脓等。

【制剂、用法与用量】

己烯雌酚片　每片0.25毫克、0.5毫克、1毫克、5毫克。内服量：犬0.1～1毫克/次，猫0.05～0.1毫克/次，每日1次，连用5天。

己烯雌酚注射剂　每支1毫升：1毫克、3毫克、5毫克。肌内注射用量：犬0.2～0.5毫克/次，每日1次，连用5天。

二、孕激素

黄体酮（孕酮）

【理化性质、药理作用及适应症】

本品为白色或微黄色结晶性粉末，无臭，无味。不溶于水，可溶于氯仿、乙醇、乙醚。应避光、密封保存。

本品主要作用于子宫内膜，能使雌激素所引起的增殖期转化为分泌期，为孕卵着床做好准备；并抑制子宫收缩，降低子宫对缩宫素的敏感性，有安胎作用。此外，与雌激素共同作用，可促使乳腺发育，为产后泌乳做准备。

临床主要用于治疗习惯或先兆性流产，或促使母畜周期发情。

【制剂、用法与用量】

黄体酮注射液　每支1毫升：10毫克、20毫克。肌内注射量：犬、猫每次2～5毫克，每日1次，每周2～3次。

【注意事项】

长期应用能使得妊娠期延长。

三、雄激素

丙酸睾酮

【理化性质、药理作用及适应症】

本品为白色或类白色结晶性粉末，无臭。不溶于水，在三氯甲烷中极易溶解，在乙醇或乙醚中易溶。

本品作用与天然睾酮相同，可以促进雄性生殖器官及副性腺的发育、成熟，保持第二性征；引起性欲及性兴奋；还能对抗雌激素的作用，抑制母畜发情。

临床上主要用于治疗种公畜的性欲缺乏、创伤、骨折、再生障碍性或其他原因的贫血。

【制剂、用法与用量】

丙酸睾酮注射液　每支1毫升：25毫克、50毫克。肌内注射或皮下注射量：犬每次2.5～10毫克/千克体重；猫每次2.5～5毫克/千克体重，每月一次。

【注意事项】

本品具有水钠潴留作用，肾、心或肝功能不全病畜慎用。

甲酸睾酮

【理化性质、药理作用及适应症】

本品为白色或类白色结晶性粉末，无臭，无味，有微引湿性。不溶于水，微溶于乙醚，易溶于乙醇、丙酮、氯仿。

本品作用同丙酸睾酮。

临床主要用于性激素缺乏时的辅助治疗，亦可用于治疗虚弱性疾病，促进骨折的愈合及治疗贫血症状等。

【制剂、用法与用量】

甲基睾酮片　每片5毫克。内服量：犬每次10毫克，猫每次5毫克，每日2次。

【注意事项】

本品具有水钠潴留作用，肾、心或肝功能不全病畜慎用。

苯丙酸诺龙（苯甲酸去甲睾酮）

【理化性质、药理作用及适应症】

本品为白色或乳白色结晶性粉末，有特殊臭味，几乎不溶于水，可溶于乙醇。

本品为人工合成的同化激素，能够促进蛋白质合成代谢、增长肌肉、增加体重、促进生长。增加体内的氮潴留。增加肾小管对钠、钙离子的重吸收，使体内钙、钠增多。

加速钙盐在骨中的沉积，促进骨的形成。本品还能直接刺激骨髓形成红细胞，促进肾脏分泌促红细胞生成素，增加红细胞的生成。

临床主要用于热性疾病和各种消耗性疾病引起的体质衰弱、严重的营养不良、贫血和发育迟缓的治疗，还可用于手术后、骨折和创伤，以促进伤口愈合。

【制剂、用法与用量】

苯丙酸诺龙注射液　每支1毫升：10毫克、25毫克。皮下注射或肌内注射量：犬、猫每次1～5毫克/千克体重，每21日一次。

【注意事项】

（1）本品禁止作为促生长剂应用。

（2）肝、肾功能障碍动物禁用。

（3）本品可引起钠、钙、钾、水、氯和磷潴留以及繁殖机能异常，亦可引起肝脏毒性。

四、子宫收缩药

缩宫素

【理化性质、药理作用及适应症】

本品为白色无定形粉末或结晶性粉末，可溶于水，水溶液呈酸性。

本品能够选择性兴奋子宫平滑肌，加强子宫收缩。小剂量能增强妊娠末期子宫节律性收缩，使收缩力加强、频率增加、张力稍增。同时子宫颈平滑肌松弛，有利于胎儿娩出。剂量大时，引起子宫肌张力持续增高，舒张不全，出现强直收缩。

临床适用于催产、产后子宫出血、胎衣不下、排出死胎、子宫复原等。

【制剂、用法与用量】

缩宫素注射液　每支1毫升∶10单位，5毫升∶50单位。静脉注射、肌内注射或皮下注射量（子宫收缩用量）：犬每次5～25单位，猫每次5～10单位，每日1次。

【注意事项】

（1）产道阻塞、胎位不正、骨盆狭窄及子宫颈尚未开放时忌用于催产。

（2）雌激素能增强子宫平滑肌对本品的敏感性。

马来酸麦角新碱

【理化性质、药理作用及适应症】

本品为白色或类白色的结晶性粉末，无臭，微有吸湿性，遇光易变质。本品在水中略溶，在乙醇中微溶，在三氯甲烷或乙醚中不溶。

本品能选择性地作用于子宫平滑肌，作用强而持久。临产前子宫或分娩后子宫最敏感。麦角新碱对子宫体和子宫颈都具有兴奋效应，稍大剂量即引起强制收缩，故不适于催产和引产。但由于子宫肌强制性收缩，机械压迫肌纤维中的血管，可阻止出血。

临床主要用于治疗产后子宫出血、产后子宫复旧不全等。

【制剂、用法与用量】

马来酸麦角新碱注射剂　每支1毫升：0.5毫克，2毫升：1毫克，10毫升：5毫克。肌内注射或静脉注射量：犬每次0.1～0.5毫克，猫每次0.07～0.2毫克，必要时可2～4小时重复注射1次，最多5次。

【注意事项】

（1）孕畜忌用，在临产时或已产但胎盘滞留在子宫尚未完全排出时禁用。

（2）该药不宜与缩宫素及其他麦角制剂联用。

五、促性腺激素

卵泡刺激素（垂体促卵泡素）

【理化性质、药理作用及适应症】

本品为白色或类白色的冻干块状物或粉末，易溶于水，应密封在冷暗处保存。

本品主要能够促进卵泡的生长和发育，在小剂量黄体生成素的协同作用下，可使卵泡分泌雌激素，引起母畜发情。在大剂量黄体生成素的协同下，则可促进卵泡成熟和排卵。对公畜则能促进精原细胞增殖，在黄体生成素的协同下，促进精子的形成。

临床主要用于治疗母畜卵巢停止发育、卵泡停止发育或两侧交替发育、多卵泡症及持久黄体等疾病。

【制剂、用法与用量】

卵泡刺激素粉针剂　每支50毫克。静脉注射、肌内注射或皮下注射量：犬每次5～15毫克，每日1次。

【注意事项】

（1）临床必须根据卵巢情况决定用药剂量及次数。

（2）剂量过大，易引起卵巢囊肿或超数排卵。

黄体生成素（垂体促黄体素）

【理化性质、药理作用及适应症】

本品为白色或类白色冻干块状物或粉末。应密封，在冷暗处保存。

它在促卵泡素作用的基础上，可促进母畜卵泡成熟和排卵。卵泡在排卵后形成黄体，分泌黄体酮，具有早期安胎作用。还可作用于公畜睾丸间质细胞，促进睾丸酮的分泌，提高性

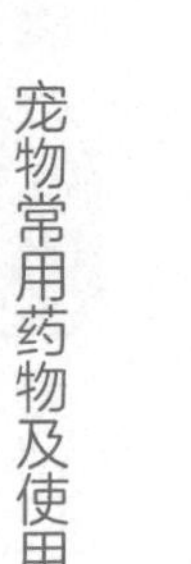

欲，促进精子的形成。

临床主要用于治疗成熟卵泡排卵障碍、卵巢囊肿、早期胚胎死亡、习惯性流产、不孕及公畜性欲减退、精液量少及隐睾症等。

【制剂、用法与用量】

黄体生成素　每支25毫克。静脉注射或皮下注射量：犬每次1毫克。临用时用5毫升灭菌生理盐水溶解。可在1～4周内重复注射。

【注意事项】

（1）反复注射可导致抗体产生，降低药效。

（2）治疗卵巢囊肿时，剂量应加倍。

第八章

常用水盐代谢调节药和营养药

第一节　水盐代谢调节药

一、血容量扩充剂

右旋糖酐（葡聚糖）

【理化性质、药理作用及适应症】

本品为白色粉末，无臭，无味，易溶于水。水溶液为稍带黏性的澄明液体。

本品分子较大，静脉注射后能提高血浆渗透压，扩充血容量，自肾脏排出时可产生渗透性利尿作用。

临床上低分子与小分子右旋糖酐用于救治中毒性休克、外伤性休克、弥漫性血管内凝血，也可用于血栓性静脉炎等血栓形成疾病的治疗。

【制剂、用法与用量】

右旋糖酐氯化钠注射液　每瓶500毫升，含中分子右旋糖酐30克、氯化钠4.5克。静脉注射用量：犬、猫每次20毫升/千克体重。用至生效。

右旋糖酐葡萄糖注射液　每瓶500毫升，含中分子右旋糖酐30克、葡萄糖25克。静脉注射用量同右旋糖酐氯化钠注射液。

【注意事项】

（1）使用本品时，偶有变态反应，如发热、荨麻疹等。极个别病例有血压下降、呼吸困难等严重反应，此时应停药，或注射肾上腺素急救。

（2）连续应用可能影响血小板功能，引起凝血障碍和出血，故禁用于血小板减少症和出血性疾病。

（3）心功能不全患者慎用，以防因血容量过度扩张而增加心脏负担。

二、水、电解质平衡调节药

氯化钠

【理化性质、药理作用及适应症】

本品为无色透明的立方形结晶或白色结晶性粉末，无臭，味咸，有吸湿性，易溶于水，微溶于乙醇，水溶液呈中性。

本品是电解质补充药，钠是动物体内细胞外液中极为重要的阳离子，也是保持细胞外液渗透压和容量的重要成分，此外，钠还以碳酸氢钠的形式形成缓冲系统，对调节体液的酸碱平衡具有很重要的作用。

临床主要用于调节体内水和电解质平衡。在大量出血而又无法进行输血时，可以使用本品维持血容量，进行急救。

【制剂、用法与用量】

氯化钠注射液（生理盐水） 为含0.9%氯化钠的灭菌水溶液。每瓶100毫升、250毫升、500毫升。静脉注射量：犬、猫每次50～60毫升/千克体重，每日一次（脱水动物剂量可增加）。

复方氯化钠注射液（林格氏液、任氏液） 为含0.85%氯化钠、0.03%氯化钾、0.033%氯化钙的灭菌水溶液，常用于补液。每瓶100毫升、250毫升、500毫升。静脉注射用量：犬每次100～500毫升，每日1次。

【注意事项】

（1）脑、肾、心脏功能不全及血浆蛋白过低的犬、猫慎用。

（2）肺水肿病例禁用。

（3）生理盐水（pH7）较体液（pH7.4）相对偏酸。如果不加注意，对已有酸中毒倾向的患畜，大量输入生理盐水，可使血浆氧化物增高，形成高氯性酸中毒。

氯化钾

【理化性质、药理作用及适应症】

本品为无色长菱形或立方形结晶或白色结晶性粉末，无臭，味咸涩，易溶于水，不溶于乙醇。应密封保存。

钾为细胞内主要阳离子，能维持细胞内渗透压，并参与糖、蛋白质和能量等的代谢过程。葡萄糖合成糖原时，也需要一定量的钾随之进入细胞内，糖原分解成葡萄糖时，钾又被释放于细胞外液。同样，二磷酸腺苷转化为三磷酸腺苷时也需要一定量的钾。细胞内液、外液中保持一定的钾浓度，是神经冲动的发出、传导及其效应器产生相应反应所必需的。心肌细胞内、外的钾浓度，对心肌的自律性、传导性和兴奋性都有影响。缺钾时心肌兴奋性增高，钾过多则抑制心肌的自律性、传导性和兴奋性。

临床主要用于各种原因引起的钾缺乏症或低钾血症，也可用于强心苷中毒引起的阵发性心动过速等。

【制剂、用法与用量】

氯化钾片　每片0.5克。内服量：犬每次0.1～1克，每日1～2次。

10%氯化钾注射液　每支10毫升：1克。静脉注射量：犬每次2～5毫升，猫每次0.5～2毫升，每日1次。

【注意事项】

（1）肾功能障碍或尿少时慎用，无尿或血钾高时忌用。

（2）静脉滴注本品时速度宜慢，否则不仅会引起局部剧痛，还可以导致心脏骤停。

（3）脱水病例一般先给不含钾的液体，等排尿后再补钾。

（4）本品对胃肠道刺激较大，应稀释后于食后灌服，减少刺激性。

三、酸碱平衡调节药

碳酸氢钠（小苏打）

【理化性质、药理作用及适应症】

本品为白色结晶性粉末，无臭，可溶于水，不溶于乙醇。水溶液放置稍久或振摇、加热时，均能分解出二氧化碳而转变为碳酸钠，使碱性增加。在潮湿空气中可缓慢分解，应密闭保存。

本品内服或静脉注射均能够增加体内的碱储，在体内离解出碳酸氢根离子，并与氢离子结合生成碳酸使体内氢离子浓度降低，代谢性酸中毒得以纠正。还能够作为犬、猫等小动物中和胃酸的药物。

临床主要用于犬、猫严重酸中毒（酸血症），碱化尿液，防止磺胺类药物对肾脏的损伤，也可用于高血钾与高血钙的辅助治疗。

【制剂、用法与用量】

5%碳酸氢钠注射液　每支20毫升，每

瓶250毫升、500毫升（1.5%碳酸氢钠溶液为等渗液）等。静脉注射量：犬每次10～30毫升，猫每次10～20毫升，每日1次。

【注意事项】

（1）碳酸氢钠溶液呈弱碱性，对局部组织有刺激性，注射时切勿漏出血管外。

（2）过量应用本品可导致代谢性碱中毒。

（3）心脏衰弱、急性或慢性肾功能衰竭、缺钾或伴有二氧化碳潴留的患畜慎用。

（4）本品忌与酸性药物配伍应用，与硫酸镁溶液混合加温时发生浑浊。

第二节　钙磷代谢调节药

氯化钙

【理化性质、药理作用及适应症】

本品为白色的坚硬碎块或颗粒，无臭，味微苦，极易潮解，极易溶于水，易溶于乙醇。

钙在体内具有广泛的生理和药理作用，

具体如下：

（1）促进骨骼和牙齿的钙化，维持骨骼的正常结构和功能；

（2）维持神经纤维和肌肉的正常兴奋性，参与神经递质的正常释放；

（3）对抗镁离子的中枢抑制及神经肌肉兴奋传导阻滞作用；

（4）消炎、抗过敏作用；

（5）促进凝血。

临床上主要作为钙的补充剂，用于低血钙症、慢性缺钙症，如佝偻病、骨质疏松症、产后瘫痪等，治疗毛细血管渗透性增强导致的各种过敏性疾病，还可用于硫酸镁中毒及心脏骤停的解救。

【制剂、用法与用量】

氯化钙注射液　每支20毫升：1克、50毫升：2.5克。静脉注射量：犬、猫每次5～10毫克/千克体重。心脏骤停时，静脉注射量：犬、猫每次100～200毫克。每日1次。

氯化钙葡萄糖注射液　含氯化钙5%、葡萄糖10%～25%。每支20毫升、50毫升、100毫升。静脉注射用量：犬每次5～10毫升，每日1次。

【注意事项】

（1）静脉注射本品时必须缓慢，并注意观察患畜反应。因为钙离子对心脏有类似洋地黄的作用，注射过快可引起心室纤颤或心脏骤停于收缩期。

（2）钙盐特别是氯化钙对组织有强烈刺激性，静脉注射严防漏到血管外。若不慎漏出时，可迅速把漏出的药液吸出，再注入25%硫酸钠注射液10 ~ 25毫升，使形成无刺激性的硫酸钙。严重时应作切开处理。钙剂内服时可产生胃肠道刺激或引起便秘。

（3）钙剂治疗可能诱发高钙血症，尤其对心、肾功能不良患畜。

葡萄糖酸钙

【理化性质、药理作用及适应症】

本品为白色颗粒状粉末，无臭，无味。能溶于水，不溶于乙醇、氯仿。

本品药理作用及适应症同氯化钙，但含钙量较氯化钙低。对组织的刺激性较小，注射比氯化钙安全，较氯化钙应用广泛。

【制剂、用法与用量】

葡萄糖酸钙注射液　每支20毫升：2克，50毫升：5克。静脉注射用量：犬、猫每次50 ～ 150毫克/千克体重，每日1次。

【注意事项】

（1）葡萄糖酸钙注射液应为无色澄明液体，如有沉淀析出，微温后能溶时可供注射用，不溶者不可应用。

（2）缓慢静脉注射，亦应注意对心脏的影响，忌与强心苷并用。

复方布他磷注射液

【理化性质、药理作用及适应症】

本品为布他磷与维生素B_{12}的无菌水溶液。

本品中的布他磷是有效的有机磷补充剂，能够促进肝脏功能，帮助肌肉运动系统消除疲劳，降低应激反应，刺激食欲，促进非特异性免疫功能。

本品主要用于动物急、慢性代谢紊乱性疾病。

【制剂、用法与用量】

复方布他磷注射液　静脉注射、肌内注射或皮下注射量：犬每次1～2.5毫升，猫每次0.5～1.5毫升，每日1次。

第三节　维生素

一、脂溶性维生素

维生素A

【理化性质、药理作用及适应症】

本品为淡黄色片状结晶，不溶于水，微溶于乙醇，与三氯甲烷、乙醚、环己烷或石油醚能任意混合。

本品具有维持正常视觉、参与组织间质中黏多糖的合成、维持正常的生殖机能以及促进生长等作用。

临床主要用于防治犬、猫角膜软化症、干眼症、夜盲症及皮肤粗糙等维生素A缺乏症；用于体质虚弱、妊娠和泌乳动物以增强体质；局部应用还可以促进伤口愈合。

【制剂、用法与用量】

维生素AD油　1克含维生素A 5000单位、维生素D 5000单位。内服量：犬每次5～10毫升，每日1次。

鱼肝油　1毫升含维生素A 1500单位、维生素D 150单位。内服量：犬每次5～10毫升，每日1次。

维生素AD注射液　0.5毫升含维生素

2.5万单位、维生素D 0.25万单位。肌内注射量：犬每次0.5～2毫升，猫每次0.1毫升/千克体重，每日1次。

注：维生素A的生物效价用“单位”（U）表示，即1个单位相当于维生素A醋酸盐的标准品0.33微克，相当于维生素A 0.3微克或β胡萝卜素0.6微克。

【注意事项】

（1）过量食用本品可导致中毒，表现为食欲不振、体重减轻、皮肤发痒、关节肿痛等。猫则表现为局部或全身性骨质疏松为主症的骨质疾患。

（2）中毒时，一般停药1～2周中毒症状可以缓解和消失。

维生素D

【理化性质、药理作用及适应症】

维生素D_2与维生素D_3均为无色结晶，无臭，无味。性状稳定，耐热，贮存不易失效，但在空气或日光下能发生变化，故应遮光、密封保存。

本品的生理功能是影响钙、磷代谢。它能促进肠内钙、磷吸收，维持体液中钙、磷的正常浓度，促进骨骼的正常钙化。关于其作用机制，现在认为是维生素D必须先变为活性代谢物后才能发挥作用。

临床可用于防治犬、猫维生素D缺乏导致的疾病，如佝偻症、骨软症等。

【制剂、用法与用量】

维生素D_2注射液 每支1毫升：5000单位，20毫升：10万单位（维生素D_2）。皮下注射或肌内注射用量：犬每次2500～5000单位，每日1次。

维生素D_3注射液 每支0.5毫升：15万单位，1毫升：30万单位。肌内注射量：犬、猫每次1500～3000单位/千克体重，每日1次。

【注意事项】

（1）大剂量维生素D会影响骨的钙化作用，出现异位钙化、心律失常和神经功能紊乱等症。另外，大剂量的维生素D还间接干扰其他脂溶性维生素的代谢，中毒时立即停用本品及钙制剂。

（2）应用维生素D的同时应给动物补充钙剂。

（3）与噻嗪类利尿药同时使用可引起高钙血症。

维生素E

【理化性质、药理作用及适应症】

本品为微黄色透明的黏稠液体，几乎无臭，遇光色逐渐变深。本品不易被酸、碱或热所破坏，遇氧迅速被破坏。不溶于水，易溶于无水乙醇、乙醚或丙酮。

本品的主要作用是抗氧化作用，能够维持细胞膜的完整与功能，还与动物的繁殖功能有关系，能够促进性腺发育、促成受孕和防止流产等。

临床主要用于防治动物的维生素E缺乏。对于动物生长不良、营养不足等综合性营养缺乏病，可与维生素A、维生素D、B族维生素等配合应用。

【制剂、用法与用量】

维生素E片　每片50毫克、100毫克。内服量：犬每次0.03～1克，每日2～3次。

维生素E注射液　每支1毫升：50毫克，10毫升：50毫克。皮下注射或肌内注射量：犬每次0.03～0.1克，每日1次。

【注意事项】

（1）本品毒性小，但过量可导致凝血障碍。

（2）偶尔引起死亡、流产或早产等，如出现这一现象立即注射肾上腺素或抗组胺药物。

（3）维生素E与维生素A同服时，可防止维生素A氧化，增强维生素A的作用。

（4）长期大量服用矿物油、新霉素能干扰维生素E的吸收。

维生素K（364）

详见止血药维生素K项下。

二、水溶性维生素

维生素B_1（盐酸硫胺）

【理化性质、药理作用及适应症】

本品为白色结晶或结晶性粉末，有微弱的特异性臭味，味苦，易溶于水，略溶于酒精。

本品能够促进体内糖代谢的正常进行，对维持神经组织和心脏的正常功能起到重要的作用。维生素B_1与正常的消化过程密切相关，具有维持肠胃的正常蠕动和胃液分泌以及消化道脂肪吸收和发酵正常的功能。

临床主要用于防治维生素B_1缺乏症，还能作为高热、重度损伤、神经炎和心肌炎的辅助治疗药物。

【制剂、用法与用量】

维生素B_1注射液　每支2毫升：50毫克、2毫升：100毫克，10毫升：0.25克、10毫升：0.5克。皮下、肌内或静脉注射用量：犬每次10～25毫克，猫每次5～10毫克，每日1～2次。

维生素B_1片剂　每片10毫克。内服量：犬每次10～50毫克，猫每次5～30毫克，每日1～2次。

【注意事项】

（1）与其他B族维生素或维生素C合用，可对代谢发挥综合使用疗效。

（2）应用注射液时偶见变态反应，甚至休克。

（3）快速静脉注射可出现轻度的血管扩张、血压微降、抑制神经递质传递，在神经肌肉接头处呈现轻度箭毒样作用，产生支气管收缩和轻度抑制胆碱酯酶作用。

维生素B_2（核黄素）

【理化性质、药理作用及适应症】

本品为橙黄色结晶粉末，微苦，微溶于水和酒精，在酸性溶液中稳定，耐热，但易被碱或光线所破坏，应置遮光容器内密封保存。

本品具有促进生物氧化作用，参与物质代谢，对碳水化合物、脂肪及蛋白质的代谢极为重要。此外，本品还是动物正常发育的必需因子。

临床主要用于维生素B_2缺乏症，如口炎、皮炎、角膜炎等。

【制剂、用法与用量】

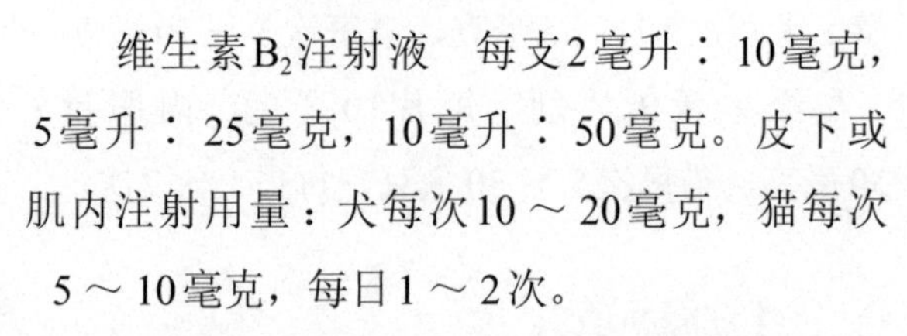

维生素B_2注射液　每支2毫升：10毫克，5毫升：25毫克，10毫升：50毫克。皮下或肌内注射用量：犬每次10～20毫克，猫每次5～10毫克，每日1～2次。

维生素B_2片　每片5毫克。内服量：犬每次5～10毫克，每日1～2次。

【注意事项】

本品内服后尿呈黄绿色。

复合维生素B注射液

【理化性质、药理作用及适应症】

本品为有黄绿色荧光的澄清或几乎澄清的液体，应避光、密封保存。

本品为维生素类药物，主要用于营养不良、消化障碍、厌食、糙皮病、口腔炎及因B族维生素缺乏导致的各种疾患的辅助治疗。

【制剂、用法与用量】

复方维生素B注射液　每支2毫升、10毫升。肌内注射或皮下注射量：体重<15千克犬每次1～5毫升，体重>15千克犬每次5～10毫升，猫每次1毫升。每日一次。

【注意事项】

本品是由维生素B_1 10克、维生素B_2-5′－磷酸酯钠1.37克（相当于维生素B_2 1克）、维生素B_6 1克、烟酰胺15克、右旋泛酸钠0.5克，注射用水加至1000毫升制成。

维生素C（抗坏血酸）

【理化性质、药理作用及适应症】

本品为白色结晶或结晶性粉末，无臭，味酸，久置色渐

微黄，水溶液呈酸性。需避光、密闭保存。

本品能够参与体内的氧化还原反应，促进细胞间质合成，抑制透明质酸酶和纤维素溶解酶，保持细胞间质的完整，增加毛细血管的致密度，降低其通透性及脆性。

临床除主要用于防治维生素C缺乏症、解毒、抗应激外，还能够用于急性感染、高热、心源性和感染性休克，以及过敏性皮炎、过敏性紫癜和湿疹的辅助治疗。

【制剂、用法与用量】

维生素C注射液　每支2毫升：0.1克、2毫升：0.25克、5毫升：0.5克。肌内或皮下注射量：犬、猫每次30～40毫克/千克体重，每6小时一次，连用7次。

【注意事项】

（1）本品不宜与维生素K_3、维生素B_2、碱性药物、铁离子、钙剂等配伍使用。

（2）本品不宜与氨苄西林、头孢菌素、四环素、强力霉素、红霉素等抗生素混合注射。

烟酰胺与烟酸（维生素PP）

【理化性质、药理作用及适应症】

烟酰胺与烟酸均为白色结晶性粉末，溶于水和酒精，化学性质稳定，不易被破坏，应密封保存。

烟酸在动物体内可以转化为烟酰胺，烟酰胺在体内与核糖、磷酸和腺嘌呤构成辅酶Ⅰ和辅酶Ⅱ，在体内氧化还原反应中起着传递氢的作用。

临床主要用于烟酸缺乏症，也常与维生素B_1和维生素B_2合用，可作为多种疾病综合治疗的药物。

【制剂、用法与用量】

烟酰胺片　每支50毫克、100毫克。内服量，犬每次0.2～0.6毫克/千克体重，猫每次2.6～4毫克/千克体重，每日1～2次。

烟酸注射液　每支1毫升：50毫克，1毫升：100毫克。肌内注射或皮下注射量：犬每次0.2～0.6毫克/千克体重，猫每次2.6～4毫克/千克体重，每日1～2次。

【注意事项】

烟酰胺肌内注射时可引起注射部位疼痛。

第九章

常用激素类药

一、肾上腺皮质激素

泼尼松（强的松）

【理化性质、药理作用及适应症】

本品为白色或类白色结晶粉末，无臭，味初淡，随后有苦味。不溶于水，微溶于乙醇，略溶于丙酮。

本品具有抗炎和抗过敏作用，可以抑制结缔组织增生，降低毛细血管壁和细胞膜的通透性，减少炎性渗出，并能抑制组织胺及其他毒性物质的形成与释放。还能促进蛋白质分解转变为糖，减少葡萄糖的利用，因而使血糖及肝糖原增加，尿中可出现糖，同时增加胃液分泌，促进食欲。

临床上主要用于各种急性严重细菌感染、严重的过敏性疾病、风湿、类风湿、肾病综合征、支气管哮喘、各种肾上腺皮质功能不全症、湿疹等。

【制剂、用法与用量】

醋酸泼尼松片　每片5毫克。内服量：犬、猫每次0.5～2毫克/千克体重，每日1次。

泼尼松龙（氢化泼尼松、强的松龙）

【理化性质、药理作用及适应症】

本品为白色或类白色结晶性粉末，无臭，味苦，几乎不溶于水，微溶于乙醇。

本品的药理作用与泼尼松相似。其特点是可供静注、肌注、乳房内注入和关节腔内注射等。其抗炎作用较强，水盐代谢作用很弱。

临床上主要用于各种急性严重细菌感染、严重过敏性疾病、风湿、类风湿、肾病综合征、支气管哮喘、各种肾上腺皮质功能不全症、湿疹等。

【制剂、用法与用量】

醋酸泼尼松龙注射液　每支2毫升：10毫克。肌内或静脉注射用量：犬、猫每次1～4毫克/千克体重，每日1次。

醋酸泼尼松龙片剂　每片5毫克。内服量：犬每次2～5毫克（7～14千克体重）、5～15毫克（14千克以上体重），每日1次。

地塞米松

【理化性质、药理作用及适应症】

本品为白色或类白色的结晶性粉末，无臭，味微苦，不溶于水，略溶于无水乙醇或三氯甲烷，在乙醚中极微溶解。

本品的抗炎及控制皮肤过敏的作用强于泼尼松龙，而对水、钠潴留和促进钾排泄作用较弱。地塞米松可增加钙随粪便排泄，故能产生钙负平衡。

临床上主要用于各种急性严重细菌感染、严重的过敏性疾病、风湿、类风湿、肾病综合征、支气管哮喘、各种肾上腺皮

质功能不全症、湿疹等。

【制剂、用法与用量】

醋酸地塞米松片　每片0.75毫克。内服量：犬、猫每次0.5～2毫克，每日1次。

地塞米松磷酸钠注射液　每支1毫升：5毫克。肌内或静脉注射量：犬每次0.25～1毫克；猫每次0.125～0.5毫克。每日1次。

醋酸可的松

【理化性质、药理作用及适应症】

本品为白色或乳白色的结晶性粉末，无臭，不溶于水，微溶于乙醇，易溶于氯仿。

本品具有抗炎、抗过敏和影响糖代谢的作用。副作用大，即抗炎及对糖代谢的影响较弱，而对水、盐代谢作用较强。

临床上主要用于肾上腺皮质功能减退的替代疗法及各种炎症或过敏性疾病。

【制剂、用法与用量】

醋酸可的松注射液　每支2毫升：50毫克、5毫升：125毫克、10毫升：250毫克。肌内注射量：犬每次25～100毫克，每日2次。

【注意事项】

（1）本品水、钠潴留和排钾副作用强，一般不作为抗炎、抗过敏的首选药。

（2）肝功能不全者禁用。

（3）妊娠后期大剂量使用可引起流产。

氢化可的松

【理化性质、药理作用及适应症】

本品为白色或类白色结晶性粉末，无臭，不溶于水，微溶于乙醇。

本品为天然糖皮质激素，抗炎作用略强于可的松。

主要用于治疗严重的中毒性感染或其他危急病症。

【制剂、用法与用量】

氢化可的松注射液　每支2毫升：10毫克、5毫升：25毫克、20毫升：100毫克。

（1）抗炎、抗休克　静脉注射用量；犬、猫每次1～10毫克/千克体重。肌内注射量：犬、猫每次5～10毫克/千克，每日1～2次。

（2）治疗肾上腺皮质功能减退症　肌内或静脉注射量：犬、猫每次2～4毫克/千克体重，每日2次，持续7～10天。

曲安西龙

【理化性质、药理作用及适应症】

本品几乎不溶于水或三氯甲烷，微溶于甲醇或乙醇，易

溶于二甲基甲酰胺，避光保存。

本品的抗炎作用强于氢化可的松、泼尼松，水、钠潴留作用较轻微，内服易吸收。

临床上主要用于犬、猫的各种炎症、过敏性疾病。

【制剂、用法与用量】

醋酸曲安西龙注射液　每支1毫升：40毫克，5毫升：125毫克，5毫升：20毫克。肌内或皮下注射量：犬、猫每次0.1～0.2毫克/千克体重。关节腔内注入量：犬每次6～18毫克，猫1～3毫克。必要时间隔3～4日再注射1次。

二、其他激素

褪黑激素

【药理作用及适应症】

本品能够通过调节神经内分泌来控制季节性脱毛。

临床上主要用于治疗犬的脱毛周期紊乱。

【制剂、用法与用量】

褪黑激素片剂　每片3毫克。口服量：犬每次3～6毫克，每8小时一次。

胰岛素

【理化性质、药理作用及适应症】

本品为白色或类白色结晶，几乎不溶于水、乙醇或乙醚，易溶于无机酸。

本品能够结合细胞表面特定受体，刺激葡萄糖转化为肝糖原、游离脂肪酸转化为脂类、氨基酸转化为蛋白质和影响其他许多代谢途径，发挥降低血糖作用。

临床上主要用于治疗胰岛素依赖型糖尿病，偶尔用于辅助治疗尿路阻塞引起的高钾血症。

【制剂、用法与用量】

胰岛素注射液　每支10毫升：400单位，10毫升：800单位。皮下注射量：犬每次0.5～1.0单位/千克体重，猫每次0.25单位/千克体重，每6小时1次。

【注意事项】

（1）低血糖患者禁用；

（2）过量用药会导致低血糖、低血钾。

第十章

常用解毒药

一、金属络合剂

依地酸钙钠（乙二胺四乙酸钙钠）

【理化性质、药理作用及适应症】

本品为白色结晶性或颗粒性粉末，无臭，无味，暴露在空气中易发生潮解，易溶于水。

本品能通过与多价金属离子络合形成可溶性的络合物而排出体外。本品对不同金属的络合能力有所差别，其中对铅最为有效。

临床上主要用于解救铅中毒，也可用于锌、锰、铁和铜中毒，但效果相对较差。

【制剂、用法与用量】

依地酸钙钠注射液　每支5毫升：1克，2毫升：0.2克。皮下注射量：犬、猫25毫克/千克体重。每6小时一次，连用5日。

【注意事项】

（1）大剂量应用可出现肾小管上皮细胞损害、水肿等肾脏疾病。用药期间要注意尿液检查，若出现管型、蛋白质、红细胞、白细胞，甚至少尿或者肾功能衰竭等，应立即停止给药，停药后可逐渐恢复正常。

（2）肾功不全动物禁用。

（3）本品不宜内服，可增加存在于胃肠道铅的吸收量。

二巯基丙醇（巴尔）

【理化性质、药理作用及适应症】

本品为无色或几乎无色的液体，有强烈恶臭。极易溶于甲醇或乙醇，能溶于水，但水溶液不稳定。

本品中具有活性的巯基能够与游离的金属离子结合，还能够夺取已经和巯基酶系统结合的金属，形成络合物，达到解毒的作用。

主要用于解救砷中毒，对汞和金中毒也有效。与依地酸钙钠合用，可治疗幼龄小动物的急性铅脑病。

【制剂、用法与用量】

二巯基丙醇注射液　每支1毫升：0.1克，5毫升：0.5克，10毫升：1克。肌内注射量：首次量，犬4毫克/千克体重，猫3毫克/千克体重，每4小时一次，第二天减为1毫克/千克体重。

【注意事项】

（1）本品为竞争性解毒剂，应及早足量使用。当重金属中毒严重或解救过迟时疗效不佳。

（2）本品仅供肌内注射，由于注射后会引起剧烈疼痛，务必作深部肌内注射。

（3）肝、肾功能不良动物慎用。

（4）大剂量可使毛细血管扩张、呼吸促迫、大量流涎，严重时发生肌肉挛缩，故应用时要控制剂量。

（5）碱化尿液，可减少复合物重新解离，从而使肾损伤减轻。

（6）本品可以与硒、铁、铀等金属形成有毒复合物，其毒性高于金属本身，故本品应避免与硒或铁盐同时应用。

（7）本品对机体的酶系统也有一定的抑制作用，故应控制剂量。

青霉胺（二甲基半胱氨酸）

【理化性质、药理作用及适应症】

本品为白色或接近白色结晶性粉末，易溶于水，微溶于酒精，不溶于氯仿或乙醚。

本品能够络合铜、铁、汞、铅、砷等，形成稳定和可溶性复合物由尿排出。

临床上主要用于轻度重金属中毒或对其他络合物有禁忌时选用。

【制剂、用法与用量】

青霉胺片　每片0.125克。内服量：犬、猫每次5～10毫克/千克体重，每日3～4次，5～7日为一个疗程，停药2～3日。一般用1～3个疗程。

【注意事项】

（1）本品可引起皮肤瘙痒、荨麻疹、发热、关节疼痛、淋巴结肿大等过敏反应；对青霉素过敏动物也可能对本品发生交叉过敏反应。

（2）对肾脏有刺激性，可能出现蛋白尿及肾病综合征，应经常检查尿蛋白。肾病患畜禁用。

（3）长期应用时，在症状改善后可间歇给药，并加用维生素B_6，以预防发生视神经炎。

（4）本品可影响胚胎发育，动物试验发现骨骼畸形和腭裂等。

去铁胺（去铁敏）

【理化性质、药理作用及适应症】

本品为白色结晶性粉末，易溶于水，水溶液稳定。

本品为铁的络合剂，能够与体内游离或者与蛋白结合的三价铁形成稳定无毒的络合物，并由尿排出。

临床上主要用于急性铁中毒的解毒，不适于其他金属中毒的解救。

【制剂、用法与用量】

注射用去铁胺　每支0.5克。肌内注射量：首次量，犬、猫20毫克/千克体重，维持量，犬、猫10毫克/千克体重，每隔4小时注射一次。静脉注射用量：同肌内注射，注射速度应保持每小时每千克体重15毫克。

【注意事项】

（1）注射部位常有疼痛感，并可出现腹泻、腹部不适、心动过速、腿肌震颤等副作用。

（2）严重肾功能不全动物慎用。

（3）长期用药可发生视力和听力功能减退，停药后可部分或完全恢复。

（4）动物试验表明，本品可致胎畜骨骼畸形，妊娠动物禁用。

（5）老龄动物慎用本品，且不宜与维生素C同时使用。

二、胆碱酯酶复活剂

碘解磷定（派姆）

【理化性质、药理作用及适应症】

本品为黄色结晶颗粒，无臭，味苦，遇光易变质，可溶于水，微溶于乙醇。

本品结构中的肟基能够将结合在胆碱酯酶上的磷酸基夺过来，使得胆碱酯酶与结合物分离从而恢复活性。

临床上主要用于解救多种有机磷中毒，

但对有机磷的解毒作用有一定的选择性，对内吸磷、对硫磷中毒效果好，对敌敌畏、敌百虫等中毒的疗效差。

【制剂、用法与用量】

碘解磷定注射液　每支20毫升：0.5克，静脉注射量：犬、猫每次20毫克/千克体重，每日2～3次。

【注意事项】

（1）对碘过敏者禁用本品。

（2）应用本品应维持48～72小时，以防止延迟吸收的有机磷引起中毒程度加重，甚至致死。

（3）本品禁止与碱性药物配伍使用。

（4）本品与阿托品有协同作用，与阿托品联合使用时，可适当减少阿托品剂量。

三、高铁血红蛋白还原剂

亚甲蓝（美蓝）

【理化性质、药理作用及适应症】

本品为深绿色、有铜样光泽的柱状结晶或结晶性粉末，无臭。易溶于水或乙醇，能溶于氯仿。

氰化物中毒时，氰离子能够与组织中细胞色素氧化酶结合，使得组织缺氧。注射本品可

以使得血红蛋白氧化为高铁血红蛋白，后者能与体内的氰离子及与细胞色素氧化酶结合的氰离子形成氰化高铁血红蛋白，解除机体缺氧的状态。

小剂量用于解救亚硝酸盐等中毒导致的高铁血红蛋白，大剂量用于解救氰化物中毒。

【制剂、用法与用量】

亚甲蓝注射液　每支2毫升：20毫克，5毫升：50毫克，10毫升：100毫克。静脉注射量：解救高铁血红蛋白血症，犬、猫1～2毫克/千克体重；解救氰化物中毒5～10毫克/千克体重。

【注意事项】

（1）本品禁止皮下或肌内注射。

（2）由于亚甲蓝溶液与多种药物有配伍禁忌，因此不得将本品与其他药物混合注射。

四、氰化物解毒剂

亚硝酸钠

【理化性质、药理作用及适应症】

本品为无色或白色至微黄色结晶，无臭，味微咸。微溶于乙醇，易溶于水，水溶液呈碱性反应，不稳定。

亚硝酸离子具有氧化作用，能够将能使体内血红蛋白氧化成高铁血红蛋白。这种高铁血红蛋白能与体内的氰离子和与细胞色素氧化酶结合的氰离子形成氰化高铁血红蛋白，从而起解毒作用。但氰化高铁血红蛋白不稳定，能再解离出氰离子。为了避免解离的氰离子产生毒性，应再静脉注射硫代硫酸钠溶液，与氰离子生成无毒的硫氰化合物而排出体外。

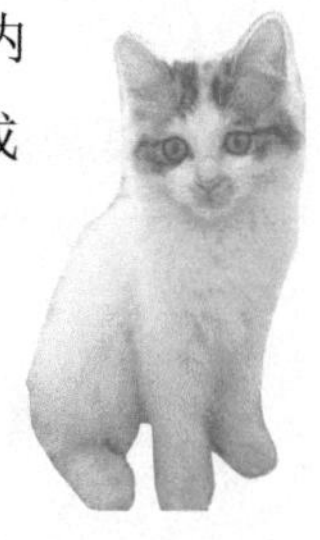

临床上主要用于解救动物氰化物中毒。

【制剂、用法与用量】

亚硝酸钠注射液　每支10毫升：0.3克，静脉注射用量：犬、猫25毫克/千克体重。

【注意事项】

（1）本品不宜重复给药。

（2）注射过程中出现不良反应应立即停药。

硫代硫酸钠

【理化性质、药理作用及适应症】

本品为无色透明结晶粉末，无臭，味咸，在干燥空气易风化，潮湿空气易潮解。易溶于水，不溶于乙醇。

本品静脉注射后，能够与游离的氰离子或氰化高铁血红蛋白中的氰离子结合形成无毒的硫氰化物并随尿液排出体外。

临床上主要用于氰化物中毒，也可用于碘、汞、砷、铅、铋等中毒。

【制剂、用法与用量】

硫代硫酸钠注射液　每支10毫升：0.5克，20毫升：1克，肌内或静脉注射量：犬、猫1～2克/次，每日1次。

【注意事项】

（1）本品解毒作用产生较慢，解救时应先静脉注射能够迅速产生作用的亚硝酸钠后再缓慢注射本品，但注意不能将两种药混合后同时静脉注射。

（2）对内服中毒动物，还应使用本品的5%溶液洗胃，并于洗胃后保留适量溶液于胃中。

五、其他解毒剂

乙酰胺（解氟灵）

【理化性质、药理作用及适应症】

本品为白色结晶粉末，易发生潮解，极易溶于水，易溶于酒精。

本品能够与氟乙酰胺竞争性争夺酰胺酶，使得氟乙酰胺不能转变为氟乙酸，从而解除有机氟对机体的毒性。

临床上主要用于解救有机氟中毒。

【制剂、用法与用量】

乙酰胺注射液　每支5毫升：2.5

克。肌内或静脉注射量：犬100毫克/千克体重，猫50毫克/千克体重，每12小时一次，连用2～3日。

【注意事项】

本品酸性强，肌内注射有局部疼痛，一般可配合应用普鲁卡因或利多卡因，以减轻疼痛。

附 录

附录一　犬猫正常生理参数

项目和单位	参考值			
	幼犬	成年犬	幼猫	成年猫
体温/℃	38.5～39.5	37.5～39	38.5～39.5	38～39
呼吸/（次/分钟）	15～30	10～30	20～35	15～35
心率/（次/分钟）	100～130	70～120	130～150	120～140
血压/毫米汞柱	收缩压		收缩压	
	108～189		120～150	
	舒张压		舒张压	
	75～122		75～100	
总血量占体重/%	5.6～8.3		5	

附录二　犬猫发情及妊娠周期

项目	犬	猫
第一次发情的年龄	7～9月龄	4～12月龄
发情周期持续时间	7～42天	2～19天
妊娠期	平均：63天 范围：58～71天	平均：63天 范围：58～70天
产仔数	大型品种：8～12只	4～6只
	中型品种：6～10只	
	小型品种：2～4只	
哺乳期	3～6周	3～6周

附录三　常用药物配伍禁忌表

类别	药物	禁忌配合的药物	变化
抗生素类	青霉素	酸性药液如盐酸氯丙嗪、四环素类抗生素的注射液	沉淀、分解失效
		碱性药液如磺胺药、碳酸氢钠的注射液	沉淀、分解失效
		高浓度乙醇、重金属盐	破坏失效
		氧化剂如高锰酸钾	破坏失效
		快效抑菌剂如四环素、氯霉素	疗效减低
	红霉素	碱性溶液如磺胺、碳酸氢钠注射液	沉淀、析出游离碱
		氯化钠、氯化钙	浑浊、沉淀
		林可霉素	出现拮抗作用
	链霉素	较强的酸、碱性溶液	破坏、失效
		氧化剂、还原剂	破坏、失效
		利尿酸	肾毒性增加
		多黏菌素E	骨骼肌松弛
	多黏菌素E	骨骼肌松弛药	毒性增强
		先锋霉素Ⅰ	毒性增强
	四环素类抗生素如四环素、土霉素、金霉素、多西环素	中性及碱性溶液如碳酸氢钠注射液	分解失效
		生物碱沉淀剂	沉淀、失效
		阳离子（一价、二价或三价离子）	形成不溶性难吸收的络合物
	氯霉素	铁剂、叶酸、维生素B_{12}	抑制红细胞生成
		青霉素类抗生素	疗效减低
	先锋霉素Ⅱ	强效利尿剂	增大对肾脏毒性

续表

类别	药物	禁忌配合的药物	变化
合成抗菌药	磺胺类药物	酸性药物 普鲁卡因 氯化铵	析出沉淀 疗效减低或无效 增加肾脏毒性
	氟喹诺酮类药物如诺氟沙星、环丙沙星、氧氟沙星、洛美沙星、恩诺沙星等	氯霉素、呋喃类药物 金属阳离子 强酸性药液或碱性药液	疗效减低 形成不溶性难吸收的络合物 析出沉淀
消毒防腐药	漂白粉	酸类	分解释放氧
	乙醇	氧化剂、无机盐等	氧化、沉淀
	硼酸	酸性物质 鞣酸	生成硼酸盐 疗效减弱
	碘及其制剂	氨水、铵盐类 重金属盐 生物碱类药物 淀粉 龙胆紫 挥发油	生成爆炸性碘化氨 沉淀 析出生物碱沉淀 呈紫色 疗效减弱 分解、失效
	阳离子表面活性消毒药	阴离子如肥皂类、合成洗涤剂 高锰酸钾、碘化物	作用相互拮抗 沉淀
	高锰酸钾	氨及其制剂 甘油、乙醇 鞣酸、甘油、药用炭	沉淀 失效 研磨时爆炸
	过氧化氢溶液	碘及其制剂、高锰酸钾、碱类、药用炭	分解、失效
	过氧乙酸	碱类如氢氧化钠、氨溶液	中和失效

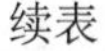

续表

类别	药物	禁忌配合的药物	变化
消毒防腐药	氨溶液	酸及酸性盐 碘溶液如碘酊	中和失效 生成爆炸性的碘化氮
抗蠕虫药	左旋咪唑	碱类药物	分解、失效
	敌百虫	碱类、新斯的明、肌松药	毒性增强
	硫双二氯酚	乙醇、稀碱液、四氯化碳	增强毒性
抗球虫药	氨丙啉	维生素B_1	疗效减低
	二甲硫胺	维生素B_1	疗效减低
	莫能菌素或盐霉素或马杜霉素或拉沙里霉素	泰牧霉素、竹桃霉素	抑制动物生长，甚至中毒死亡
中枢兴奋药	咖啡因（碱）	盐酸四环素、盐酸土霉素、鞣酸、碘化物	析出沉淀
	尼可刹米	碱类	水解、浑浊
	山梗菜碱	碱类	沉淀
镇定药	氯丙嗪	碳酸氢钠、巴比妥类钠盐 氧化剂	析出沉淀 变红色
	溴化钠	酸类、氧化剂 生物碱类	游离出溴 析出沉淀
	巴比妥钠	酸类 氯化铵	析出沉淀 析出氨、游离出巴比妥酸
镇痛药	吗啡	碱类 巴比妥类	析出沉淀 毒性增强
	杜冷丁	碱类	析出沉淀

续表

类别	药物	禁忌配合的药物	变化
解热镇痛药	阿司匹林	碱类药物如碳酸氢钠、氨茶碱、碳酸钠等	分解、失效
	水杨酸钠	铁等金属离子制剂	氧化、变色
	安乃近	氯丙嗪	体温骤降
	氨基比林	氧化剂	氧化、失效
麻醉药	水合氯醛	碱性溶液、久置、高热	分解、失效
	戊巴比妥钠	酸性药液 高热、久置	沉淀 分解
	苯巴比妥钠	酸类药液	沉淀
	普鲁卡因	磺胺药	疗效减弱或失效
麻醉保定药	普鲁卡因	氧化剂	氧化、失效
	琥珀胆碱	水合氯醛、氯丙嗪、普鲁卡因、氨基糖苷类抗生素	肌松过度
	盐酸二甲苯胺噻唑	碱类药液	沉淀
神经系统药	硝酸毛果芸香碱	碱性药物、鞣质、碘及阳离子表面活性剂	沉淀或分解失效
	硫酸阿托品	碱性药物、鞣质、碘及碘化物、硼砂	分解或沉淀
	肾上腺素、去甲肾上腺素	碱类、氧化物、碘酊 三氯化铁 洋地黄制剂	易氧化变棕色、失效 失效 心律不齐

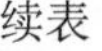

续表

类别	药物	禁忌配合的药物	变化
强心药	毒毛旋花子苷K	碱性药液如碳酸氢钠、氨茶碱	分解、失效
	洋地黄毒苷	钙盐 钾盐 酸或碱性药物 鞣酸、重金属盐	增强洋地黄毒性 对抗洋地黄作用 分解、失效 沉淀
止血药	安络血	脑垂体后叶素、青霉素G、盐酸氯丙嗪 抗组胺药、抗胆碱药	变色、分解、失效 止血作用减弱
	止血敏	磺胺嘧啶钠、盐酸氯丙嗪	浑浊、沉淀
	维生素K_3	还原剂、碱类药液 巴比妥类药物	分解、失效 加速维生素K_3的代谢
抗凝血药	肝素钠	酸性药液 碳酸氢钠、乳酸钠	分解、失效 加强肝素钠抗凝血
	枸橼酸钠	钙制剂如氯化钙、葡萄糖酸钙	作用减弱
抗贫血药	硫酸亚铁	四环素类药物 氧化剂	妨碍吸收 氧化变质
祛痰药	氯化铵	碳酸氢钠、碳酸钠等碱性物质 磺胺药	分解 增强磺胺肾毒性
	碘化钾	酸类或酸性盐	变色游离出碘
平喘药	氨茶碱	酸性药液如维生素C，四环素类药物盐酸盐、盐酸氯丙嗪等	中和反应、析出氨茶碱沉淀
	麻黄碱	肾上腺素、去甲肾上腺素	增强毒性

续表

类别	药物	禁忌配合的药物	变化
健胃与助消化药	胃蛋白酶	强酸、碱、重金属盐、鞣酸溶液	沉淀
	乳酶生	酊剂、抗菌剂、鞣酸蛋白、铋制剂	疗效减弱
	干酵母	磺胺类药物	疗效减弱
	稀盐酸	有机酸盐如水杨酸钠	沉淀
	人工盐	酸性药液	中和、疗效减弱
	胰酶	酸性药物如稀盐酸	疗效减弱或失效
	碳酸氢钠	酸及酸性盐类 鞣酸及其含有物	中和失效 分解
助消化药	碳酸氢钠	生物碱类、镁盐、钙盐 次硝酸铋	沉淀 疗效减弱
泻药	硫酸钠	钙盐、钡盐、铅盐	沉淀
	硫酸镁	中枢抑制药	增强中枢抑制
利尿药	速尿	氨基糖苷类抗生素如链霉素、卡那霉素、新霉素、庆大霉素 头孢噻啶 骨骼肌松弛药	增强耳毒性 增强肾毒性 骨骼肌松弛增强
脱水药	甘露醇	生理盐水或高渗盐	疗效减弱
	山梨醇	生理盐水或高渗盐	疗效减弱
糖皮质激素	盐酸可的松、强的松、氢化可的松、强的松龙	苯巴比妥钠、苯妥英钠 强效利尿药 水杨酸钠 降血糖药	代谢加快 排钾增多 消除加快 疗效降低

续表

类别	药物	禁忌配合的药物	变化
生殖系统药	促黄体素	抗胆碱药、抗肾上腺素药 抗惊厥药、麻醉药、安定药	疗效降低
	绒毛膜促性腺激素	遇热、氧	水解、失效
影响组织代谢药	维生素B_1	生物碱、碱 氧化剂、还原剂 氨苄青霉素、头孢菌素Ⅰ和Ⅱ、氯霉素、多黏菌素	沉淀 分解、失效 破坏、失效
	维生素B_2	碱性药液 氨苄青霉素、头孢菌素Ⅰ和Ⅱ、氯霉素、多黏菌素、四环素、金霉素、土霉素、红霉素、新霉素、链霉素、卡那霉素、林可霉素	破坏、失效 破坏、灭活
	维生素C	氧化剂 碱性药液如氨茶碱 钙制剂溶液 氨苄青霉素、头孢菌素Ⅰ和头孢菌素Ⅱ、氯霉素、多黏菌素、四环素、金霉素、土霉素、红霉素、新霉素、链霉素、卡那霉素、林可霉素	破坏、失效 氧化、失效 沉淀 破坏、灭活
	氯化钙	碳酸氢钠、碳酸钠溶液	沉淀
	葡萄糖酸钙	碳酸氢钠、碳酸钠溶液 水杨酸盐、苯甲酸溶液	沉淀 沉淀

续表

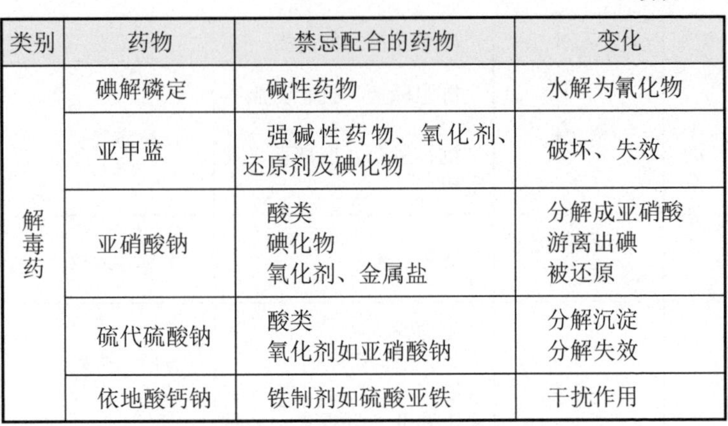

类别	药物	禁忌配合的药物	变化
解毒药	碘解磷定	碱性药物	水解为氰化物
	亚甲蓝	强碱性药物、氧化剂、还原剂及碘化物	破坏、失效
	亚硝酸钠	酸类 碘化物 氧化剂、金属盐	分解成亚硝酸 游离出碘 被还原
	硫代硫酸钠	酸类 氧化剂如亚硝酸钠	分解沉淀 分解失效
	依地酸钙钠	铁制剂如硫酸亚铁	干扰作用

注：1.养护剂有漂白粉、双氧水、过氧乙酸、高锰酸钾等。

2.还原剂有碘化物、六代硫酸钠、维生素C等。

3.重金属盐有汞盐、银盐、铁盐、铜盐、锌盐等。

4.酸类药物有稀盐酸、硼酸、鞣酸、醋酸、乳酸等。

5.碱类药物有氢氧化钠、碳酸氢钠、氨水等。

6.生物碱类药物有阿托品、安钠咖、肾上腺素、毛果芸香碱、氨茶碱、普鲁卡因等。

7.有机酸类药物有水杨酸钠、醋酸钾等。

8.生物碱沉淀剂有氢氧化钾、碘、鞣酸、重金属等。

9.药液呈酸性的药物有氯化钙、葡萄糖、硫酸镁、氯化铵、盐酸、肾上腺素、硫酸阿托品、水合氯醛、盐酸氯丙嗪、盐酸金霉素、盐酸土霉素、盐酸四环素、盐酸普鲁卡因、葡萄糖酸钙注射液等。

10.药液呈碱性的药物有安钠咖、碳酸氢钠、氨茶碱、乳酪钠、磺胺嘧啶钠、乌洛托品等。

参考文献

[1] 胡功政，李荣誉. 畜禽药物手册. 北京：金盾出版社，2008.

[2] Donald C. Plumb. Plumb's兽药手册. 第七版. 沈建忠，冯忠武主译. 北京：中国农业大学出版社，2016.

[3] 陈杖榴. 兽医药理学. 第3版. 北京：中国农业出版社，2009.

[4] 曾振灵. 兽药手册. 第2版. 北京. 化学工业出版社，2012.

[5] 王传福. 兽药手册. 北京. 中国农业出版社，2008.

[6] 傅盛才. 新编兽药手册. 长沙：湖南科学技术出版社，2011.

[7] 胡功政. 家禽常用药物及其合理使用. 郑州：河南科学技术出版社. 2010.